玉米病虫草害
化学防治与施药技术规范

闫晓静　崔　丽　袁会珠　著

U0349451

中国农业科学技术出版社

图书在版编目（CIP）数据

玉米病虫草害化学防治与施药技术规范／闫晓静，崔丽，袁会珠著．--北京：中国农业科学技术出版社，2021.5

ISBN 978-7-5116-5307-9

Ⅰ.①玉…　Ⅱ.①闫…②崔…③袁…　Ⅲ.①玉米-病虫害防治②玉米-农药施用　Ⅳ.①S513

中国版本图书馆 CIP 数据核字（2021）第 090464 号

责任编辑	穆玉红
责任校对	马广洋
责任印制	姜义伟　王思文

出 版 者	中国农业科学技术出版社
	北京市中关村南大街 12 号　邮编：100081
电　　话	（010）82106626（编辑室）　　（010）82109702（发行部）
	（010）82109709（读者服务部）
传　　真	（010）82106626
网　　址	http://www.castp.cn
经 销 者	全国各地新华书店
印 刷 者	北京科信印刷有限公司
开　　本	170 mm×240 mm　1/16
印　　张	12.5
字　　数	225 千字
版　　次	2021 年 5 月第 1 版　2021 年 5 月第 1 次印刷
定　　价	68.00 元

公益性行业（农业）科研专项项目（201203025）"植保机械关键技术优化提升与集成示范"

国家重点研发计划项目（2019YFD0300103）"草地贪夜蛾化学防控关键技术研究"资助

前　　言

绿袍身藏黄金楼,
幺蛾飞来农户愁。
枪弹升级高工效,
虫口夺粮保丰收。

玉米是我国最重要的粮食作物之一,其不仅是人们生活中的主粮之一,还是重要的工业及医药化工原料,同时支撑着畜牧业的发展。2020年下半年,随着新冠疫情防控形势好转,饲料产业、养殖业和深加工业恢复,玉米需求增加,价格不断上涨,玉米收购价超过了小麦,甚至突破1.4元/斤(斤为旧制,1斤 = 0.5kg。全书同),凸显玉米种植生产效益,玉米种植成了农业增产增收的"黄金楼"。得益于玉米价格上涨因素,预计今后几年的玉米种植生产将受到农户更多的关注,玉米高产稳产是我国农业生产发展的需求。其种植过程中,面临的许多病虫草害问题已经严重影响玉米生产的可持续发展以及食品安全,2019年年初,草地贪夜蛾的入侵为害,又对我国玉米生产造成了新的威胁。

面向我国玉米生产中重大病虫害防治需求,中国农业科学院植物保护研究所农药使用技术团队基于"作物—病虫—农药—环境"互作关系研究,聚焦玉米病虫草害化学防治技术,研究开发了缓释种衣剂、多靶标杀虫剂和杀菌剂等新农药制剂，研究了背负式喷雾器、自走式喷杆喷雾机、植保无人飞机等多种植保机械在玉米田喷雾作业时的雾滴沉积分布规律以及农药沉积利用率，探究了农药剂量传递规律与害虫发生为害行为的关系，逐步建立起"农药—农机—农艺"三融合的玉米田施药技术规范。并承担了公益性行业（农业）科研专项项目"植保机械关键技术优化提升与集成示范"。随着"十三五"化学农药减施增效技术专项的实施，我国玉米田病虫草害化学防治技术发展迅速，特别是植保无人飞机的快速发展，推动了低空低容量喷雾技术的普及应用。面对更加精准的植保技术和快速更新的生物防控手段，项目组及时调整成果普及措施和手段，将最初计划出版的图书《玉米植保机械与施药技术规范》进行丰富和扩充，以便体现最新研究进展。2019 年年初，玉米草地贪夜蛾入侵我国，其对我国玉米产业发展构成巨大威胁，国家重点研发计划项目课题"草地贪夜蛾化学防控关键技术研究"（2019YFD0300103）启动。面向玉米草地贪夜蛾重大防控需求，经过一年多科研攻关，我们研究开发了多项玉米草地贪夜蛾化学防治技术，对此，本书也做了详尽的介绍。

《玉米病虫草害化学防治与施药技术规范》反映了我国玉米病虫草害防治的最新化学防治技术。分为玉米主要病虫草害发生规律、玉米田病虫草害防控药剂、玉米田高工效植保机械、玉米田植保机械喷雾质量研究与应用、草地贪夜蛾化学防治与施药技术、玉米田施药技术规范 6 个章节，主要内容均为本团队研究成果。

本书图文并茂，可供玉米种植者、农业管理人员、农业技术人员、专业化统防统治组织以及农药生产企业、植保机械生产企业等阅读，也可供有关大专院校师生和科研院所工作人员参考。

袁会珠

2021 年 1 月 21 日

目　　录

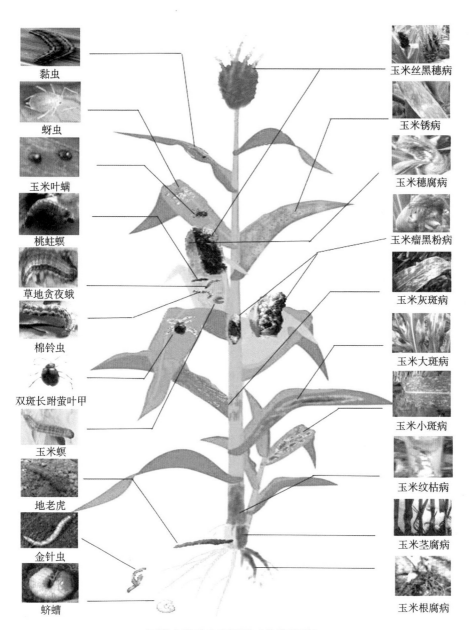

黏虫

蚜虫

玉米叶螨

桃蛀螟

草地贪夜蛾

棉铃虫

双斑长跗萤叶甲

玉米螟

地老虎

金针虫

蛴螬

玉米丝黑穗病

玉米锈病

玉米穗腐病

玉米瘤黑粉病

玉米灰斑病

玉米大斑病

玉米小斑病

玉米纹枯病

玉米茎腐病

玉米根腐病

玉米主要病虫害图谱（朱俊澍绘）

第一章　玉米主要病虫草害发生规律

　　玉米是我国播种面积最大、总产最高的农作物，我国是世界上第二大玉米生产国，玉米产量占世界总量的 20% 左右。玉米不仅是人们生活中的主粮之一，还是重要的工业和医药化工原料，同时支撑着畜牧业的发展。虽然玉米引进到中国仅有 500 多年的历史，但目前在我国已经有极广阔的栽培区域，在全国大部分地区均有种植。在种植类型方面，既有春播玉米、夏播玉米，还有秋玉米和冬玉米。种植地域既有平原、丘陵，也有高海拔的高山及高原地区。玉米产业的发展对我国农业的发展和国家粮食安全有着重大意义。

　　玉米病虫草害是影响玉米产量和品质的重要生物灾害，从播种到收获，每一阶段都会受到不同病虫草的为害。20 世纪 70 年代以前，我国的玉米生产比较落后，对国民经济的影响较小，相应对玉米病虫草害问题的研究较少。改革开放后，玉米作为最重要的饲料作物得到迅速发展，随之而来的病虫草害问题也日益突出。随着全球气候变暖，特别是近年来我国耕作制度的变革以及品种更新换代，玉米病虫草害日趋严重，部分重大病虫草害严重影响玉米的产量和质量；一些原来的次要病虫草害上升为主要病虫草害，同时还出现了一些新的病虫草害，这些情况严重影响了玉米生产的可持续发展及食品安全。

　　为害玉米的虫害主要包括钻蛀及穗部害虫，主要有草地贪夜蛾、亚洲玉米螟、桃蛀螟、棉铃虫、大螟、高粱条螟、金龟子等；食叶害虫，包括鳞翅目幼虫如黏虫、甜菜夜蛾、斜纹夜蛾、草地螟、稻纵卷叶螟、美国白蛾等，鞘翅目成虫如双斑长跗萤叶甲、褐足角胸叶甲、铁甲虫等，直翅目的蝗虫、蟋蟀等；刺吸式害虫如蚜虫、蓟马、叶螨、灰飞虱、盲蝽和叶蝉等；地下害虫如地老虎、蝼蛄、蛴螬、金针虫、二点委夜蛾等。

　　为害玉米的病害主要包括叶部真菌病害如玉米大斑病、玉米小斑病、玉米弯孢叶斑病、玉米灰斑病、玉米褐斑病、玉米圆斑病、玉米南方锈病、玉米普通锈病等；茎部真菌病害如玉米纹枯病、玉米鞘腐病、玉米腐霉茎腐病等；穗部真菌病害如玉米丝黑穗病、玉米瘤黑粉病、玉米穗腐病等；根部真菌病害如玉米种腐病、玉米镰孢苗枯病、玉米腐霉根腐病；细菌病害如玉米泛菌叶斑病、玉米细菌性顶腐病、玉米细菌茎基腐病；病毒病害如玉米矮花叶病、玉米粗缩病、玉米红叶病等；线虫病害如玉米线虫矮化病、玉米根结线虫病。

第一节　我国玉米种植区主要病虫草害

我国玉米种植区主要分为北方春播玉米区（黑龙江、吉林、辽宁、内蒙古*中北部及河北、山西、陕西北部）、黄淮海夏播玉米区（包括河北中南部、山西南部、陕西中部、安徽和江苏北部以及山东、河南、北京、天津地区）、西北灌溉玉米区（新疆*、甘肃、宁夏*、陕西及青海、西藏*）、南方丘陵玉米区（包括广东、广西*、海南、浙江、福建、江西、江苏和安徽南部、湖南和湖北东部）、西南山地玉米区（包括四川盆地、云贵高原、湘西和鄂西山地、陕南和陇南山地丘陵玉米区）。

东北春玉米种植区整个生育期害虫种类较多，但为害程度差异很大。主要害虫有金针虫、蛴螬、地老虎、蝼蛄、灯蛾、黏虫、玉米蚜虫、双斑萤叶甲、亚洲玉米螟、白星花金龟等；金针虫、黏虫和亚洲玉米螟是东北玉米种植区的主要害虫，为害最严重的仍为亚洲玉米螟，其为害是造成东北春玉米区产量损失的主要因素。亚洲玉米螟主要在穗期为害，穗期玉米螟的为害需引起重视。玉米大斑病是东北地区玉米的主要的病害之一，也是比较严重的病害之一，几乎每年都会发生，一般可致使减产达到 20%~50%。玉米丝黑穗病是导致玉米减产的一种重要病害，其可能发生在玉米生长期的任何阶段，发病率一般在 10%~70%。玉米茎腐病，又称玉米青枯病，2016 年在东北地区大发生，减产幅度 5%~15%。玉米茎腐病是由于多种病原菌复合在一起，或单独感染玉米的茎秆、根系而造成根系和茎基腐烂的一种病症，会造成玉米大面积倒伏，影响后期收获和玉米品质。北方春播玉米区杂草优势种包括阔叶杂草：藜科、蓼科、苋科、菊科；禾本科杂草稗草为优势种，马唐、狗尾草等轻度为害；难除杂草"三菜"——苣荬菜、刺儿菜、兰花菜（鸭跖草）和苍耳、问荆等。

---

* 为方便表述，本书将内蒙古自治区简称为内蒙古，新疆维吾尔自治区简称为新疆，宁夏回族自治区简称为宁夏，西藏自治区简称为西藏，广西壮族自治区简称为广西。全书余同。

黄淮海夏播玉米区是我国第二大玉米产区。由于该区地域跨越大，种植结构复杂，历年来玉米病虫害种类较多，严重影响玉米产量和品质。近年随着耕作栽培制度改革和品种更换，黄淮海夏玉米区病虫害发生了明显变化，原来如玉米大、小斑病和玉米矮花叶病等重要病害减轻；亚洲玉米螟心叶期为害较轻而穗期较重，一些次要害虫上升为主要害虫并出现了局部为害严重的新病虫害。主要害虫包括：亚洲玉米螟、桃蛀螟、棉铃虫、玉米蚜、玉米蓟马、双斑萤叶甲、玉米耕葵粉蚧等。由于春播寄主作物大面积减少，亚洲玉米螟在玉米心叶期为害较轻，但穗期为害程度加重，除直接为害造成产量损失外，还加重了玉米穗腐病的发生。桃蛀螟近年来发生普遍，成为黄淮海地区玉米的主要虫害之一。棉铃虫在玉米穗期为害十分严重，在棉铃虫大发生年份，棉铃虫对玉米穗期为害甚至超过玉米螟。玉米蚜为害呈上升趋势，特别是玉米抽雄散粉期，蚜虫虫口密度大，严重为害时造成雌穗发育不良，并引起霉污病影响光合作用，影响籽粒灌浆，造成产量损失。玉米蓟马已成为河北、河南和山东等省部分地区夏玉米苗期的重要害虫。双斑萤叶甲近年来在我国北方春玉米和黄淮海夏玉米区发生较重，苗期取食叶片，造成叶片破损；穗期咬食玉米花丝和花粉，影响玉米授粉，对产量影响较大。玉米小斑病、玉米大斑病和玉米矮花叶病曾是该区主要病害，也是该区玉米病害防治的重点，随着抗病品种的大面积推广，病害得到有效控制。近年来，玉米褐斑病、玉米茎腐病、玉米南方锈病、玉米粗缩病、玉米细菌性茎腐病、玉米细菌性叶斑病、玉米鞘腐病、玉米穗腐病在黄淮海夏玉米区呈加重趋势。黄淮海夏播玉米区杂草优势种为马唐、牛筋草、稗草、马齿苋、反枝苋、铁苋菜、苘麻；难除杂草为马唐、苘麻、铁苋菜、苍耳、罗摩、香附子、打碗花、刺儿菜、苣荬菜。

西北玉米区的害虫以玉米螟、红蜘蛛、蚜虫发生较重，是该区最重要的害虫。玉米螟近年来在新疆的南疆和北疆玉米主产区呈整体暴发态势，已严重影响新疆玉米的安全生产和玉米种植业的持续健康发展。病害以鞘腐病、大斑病、茎腐病和瘤黑粉较重。西北玉米区大部分杂草与北方区黑龙江类似，优势种有藜、灰绿藜、稗草、田旋花、大刺儿菜、冬寒菜、苣荬菜、扁蓄、绿狗尾、灰绿藜、芦苇等。

西南山地玉米区，玉米生长季节正处于高温多湿，阴雨寡照的环境条件，玉米病虫害（如纹枯病、大斑病、小斑病、灰斑病、青枯病、穗粒腐病、丝黑穗病、玉米螟、蚜虫等）种类多，并常常流行成灾，严重影响玉米产量和品质。其中玉米纹枯病是西南丘陵玉米区的首要病害；玉米大斑病也是西南山地玉米区发生最为普遍、为害最重的病害；自 2002 年后，一种由玉蜀黍尾孢（*Cercospora zeae-maydis*）引起的灰斑病在西南玉米种植区迅猛扩散，成为云南、贵州、四川和湖北等省高海拔山地玉米生产中为害重、损失大的病害。近两年，草地贪夜蛾入侵我国，对西南山地区玉米产生重要威胁。西南玉米区草害区杂草种类繁多，常见如铺地黍、叶下珠、肖梵天花、小飞蓬、铁苋菜等。

南方丘陵玉米区气候湿热，易发生病虫害，对玉米产量和质量有较大的影响。主要的玉米病害包括：玉米大斑病、玉米小斑病。主要的玉米虫害包括：草地贪夜蛾、玉米螟、蚜虫、红蜘蛛等。草地贪夜蛾对玉米具有极强的产卵偏好性，幼虫嗜食玉米细嫩部位和繁殖器官，草地贪夜蛾为害玉米可造成 50% 以上的产量损失，严重地块导致绝收。广东、广西、海南、福建等省区的热带、南亚热带地区是草地贪夜蛾周年发生的虫源基地，一年可发生 6~8 代，因此，草地贪夜蛾给该地区玉米的生产带来极大威胁。南方玉米区杂草优势种包括马唐、牛筋草、稗、千金子、马齿苋、粟米草、空心莲子草、青葙、胜红蓟等；难除杂草有马唐、千金子、双穗雀稗、香附子、碎米莎草、异型莎草。

第二节　主要害虫种类

一、钻蛀及穗部害虫

穗部害虫多为钻蛀性害虫，除为害玉米果穗外还可在茎秆、穗轴芯、穗柄等部位造成蛀孔及孔道，直接取食籽粒或破坏植株的输导组织，阻碍水分和营养物质的运输，造成被害植株部分组织的枯死、折茎或倒伏，或使长势变弱、早衰，果穗小，籽粒不饱满，产量下降，品质变劣。常见的钻蛀及穗部害虫主要有草地贪夜蛾、亚洲玉米螟、桃蛀螟、棉铃虫、大螟、高粱条螟、金龟子等。

1. 草地贪夜蛾

草地贪夜蛾 *Spodoptera frugiperda*（J. E. Smith）属鳞翅目 Lepidoptera 夜蛾科 Noctuidae，又名秋黏虫。原生于美洲热带和亚热带地区，2016 年 1 月入侵西非地区后，很快蔓延到撒哈拉以南的 44 个国家。2018 年 5 月草地贪夜蛾入侵印度，2018 年 12 月 11 日从缅甸迁入中国，到 2019 年 10 月已扩散至西南、华南、华中、西北和华北地区的 26 个省（市、自治区）。草地贪夜蛾是最具破坏性的玉米害虫之一，其入侵后对非洲和亚洲许多国家的玉米等农作物生产造成了重大影响。据联合国粮农组织（FAO）报道，草地贪夜蛾在 12 个非洲国家的为害，每年可造成玉米减产 830 万~2 060万 t，相当于损失 4 000万到 1 亿人的口粮。

草地贪夜蛾属于全变态昆虫，分为卵、幼虫、蛹和成虫 4 个发育阶段。草地贪夜蛾产卵方式为块状，卵粒紧密排列，一般有 2~3 层，卵块表面覆盖雌虫腹部鳞毛，形成保护层。卵粒顶部稍微隆起，底部扁平，呈圆顶形，卵粒直径约为 0.4mm，高约为 0.3mm，卵粒表面具有多条细密纵棱和横纹，形成放射状花纹，并有一定光泽。初产卵呈淡绿色，逐渐变褐，即将孵化时呈灰黑色，卵壳透明或米白色，可见内部幼虫个体。单头雌虫每次可产卵 100~200 粒，平均一生可产卵 1 500粒，最高可达 2 000粒。草地贪夜蛾幼虫正常情况下有 6 个龄期，在低温等逆境下会出现 7 龄的现象。草地贪夜蛾幼虫典型识别特征：头部蜕裂缝和第一胸节背中线形成白色倒 "Y" 形纹，腹部第 8 腹节背面的 4 个黑色毛瘤呈正方形排列；初孵幼虫呈灰黑色，体表条纹不明显，密布黑色刚毛和毛瘤，随着幼虫龄期增加，体表条纹、头部典型倒 "Y" 形纹和网状纹趋于明显（图 1-1）。

（a）草地贪夜蛾幼虫　　　　（b）草地贪夜蛾成虫的雌虫（上）和雄虫（下）

图 1-1　草地贪夜蛾（崔丽提供）

草地贪夜蛾幼虫嗜食玉米的细嫩部位和繁殖器官。在玉米营养生长期，1~3龄幼虫通常藏匿于心叶中或在叶片背面取食，取食后形成半透明薄膜"窗孔"。4~6龄幼虫可啃食叶片形成点片破损，钻蛀生长点形成叶片上的成排空洞，5~6龄幼虫可钻蛀苗期玉米根茎，形成"枯心苗"。在生殖生长期，1~3龄幼虫主要取食花丝，影响授粉造成果穗缺粒；4~6龄幼虫可钻蛀雄穗影响花粉成熟，钻蛀果穗啃食籽粒直接造成减产。草地贪夜蛾为害玉米可造成50%以上的产量损失，严重地块可导致绝收。

草地贪夜蛾幼虫聚集为害，趋嫩性明显。可吐丝随风迁移扩散至周围植株的幼嫩部位或生长点。幼虫白天藏匿于植株心叶、茎秆和果穗内部、土壤表层，夜晚出来取食为害。成虫主要在夜间羽化并进行迁飞、取食、交配和产卵。成虫具有趋光性，对绿光、黄光和白光（可见光）行为选择性较强。卵主要产于植株顶部叶片的正面或背面，叶鞘或茎秆的卵量较少。

2. 亚洲玉米螟（Asian Corn Borer）

玉米螟属鳞翅目草螟科。是为害我国玉米最严重的害虫，有亚洲玉米螟［Ostrinia furnacalis（Guenée）］和欧洲玉米螟［Ostrinia nubilalis（Hubner）］两种，后者仅分布在新疆伊宁。玉米螟老熟幼虫体长 20~30mm，背部黄白色至淡红褐色，一般不带黑点，头和前胸背板深褐色。背线明显，两侧有较模糊的暗褐色亚背线。腹部 1~8 节背面有两排毛瘤，前排 4 个较大，后排 2 个较小。

在玉米心叶期，初孵幼虫大多爬入心叶内，群聚取食心叶叶肉，留下白色薄膜状表皮，呈花叶状；2~3 龄幼虫在心叶内潜藏为害，心叶展开后，出现整齐的排孔；4 龄后陆续蛀入茎秆中继续为害。蛀孔口常堆有大量粪屑，茎秆遇风易从蛀孔处折断。由于茎秆组织遭受破坏，影响养分输送，玉米易早衰，严重时雌穗发育不良，籽粒不饱满。初孵幼虫可吐丝下垂，随风飘移扩散到邻近植株上。

玉米螟1年发生1~7代，以老熟幼虫在寄主茎秆、穗轴和根茬内越冬，翌年春天化蛹。成虫飞翔力强，具趋光性。成虫产卵对植株的生育期、长势和部位均有一定的选择，成虫多将卵产在玉米叶背中脉附近，为块状。

随着玉米种植面积的持续增大，亚洲玉米螟在北方春玉米区的发生仍将持续偏重到大发生；西南区玉米螟中等至中等偏重的态势发生，黄淮海夏玉米区，由于秸秆还田的大面积实施，越冬种群数量小，加之春播寄主面积小，一代亚洲玉米螟种群数量偏低，夏玉米面积大，因此夏玉米心叶期世代（第二代）为害轻，很少采取防治，因此，穗期世代（第三代）仍维持中等发生的态势（图1-2）。

（a）亚洲玉米螟幼虫　　　　　　　（b）亚洲玉米螟成虫

图1-2　亚洲玉米螟（张天涛提供）

3. 桃蛀螟（Yellow Peach Moth）

桃蛀螟［*Conogethes punctiferalis*（Guenée）］属鳞翅目草螟科。老熟幼虫体长22~25mm，背部体色多变，浅灰到暗红色，腹面多为淡绿色。头暗褐，臀板灰褐。各节有粗大的褐色瘤点。各体节毛片明显，灰褐至黑褐色。卵初为乳白色，逐渐变为橘黄色，孵化前为红褐色。

桃蛀螟主要蛀食玉米雌穗，也可蛀茎，遇风常倒折。初孵幼虫从雌穗上部钻入后，蛀食或啃食籽粒和穗轴，造成直接产量损失。钻穗柄常导致果穗瘦小，籽粒不饱满。蛀孔口堆积颗粒状的粪屑，一个果穗上常有多头桃蛀螟为害，也可能与玉米螟混合为害，严重时整个果穗被蛀食，没有产量。还可引起穗腐病（图1-3）。

桃蛀螟1年发生2~5代，以老熟幼虫在寄主的秸秆或树皮缝隙中作茧越冬，翌年化蛹羽化，世代重叠严重。成虫有趋光性、趋化性。卵多单粒散产在穗上部叶片、花丝及其周围的苞叶上。

近年来，黄淮海夏玉米区的山东、河南、陕西玉米田桃蛀螟发生日趋严重。在江苏淮北地区，玉米田桃蛀螟的发生程度逐年加重，其发生为害程度已超过玉米螟，上升为玉米害虫的优势种。

（a）桃蛀螟幼虫　　　　　　　（b）桃蛀螟成虫

图1-3　桃蛀螟（闫晓静、张天涛提供）

4. 棉铃虫（Cotton Bollworm）

棉铃虫［*Helicoverpa armigera*（Hübner）］属鳞翅目夜蛾科。棉铃虫幼虫体色变异较大，由淡绿色至黑紫色，以绿色及红褐色为主。老熟幼虫体长 40～50mm，头黄褐色，背线明显，呈深色纵线，气门白色。腹部第 5～7 节的背面和腹面有 7～8 排半圆形刻点。

棉铃虫幼虫取食叶片成孔洞或缺刻状，有时咬断心叶，造成枯心。叶上虫孔和玉米螟为害状相似，但孔粗大，边缘不整齐，常见粒状粪便。幼虫可转株为害。为害果穗除造成直接产量损失外，还可加重穗腐病发生。

棉铃虫 1 年发生 3～7 代，以蛹在土中越冬。6 月下旬至 7 月为害玉米心叶，8 月下旬至 9 月上旬为害玉米穗。成虫对黑光灯趋性强，卵散产在叶片、叶鞘或花丝上（图1-4）。

（a）棉铃虫幼虫　　　　　　　　　　　（b）棉铃虫成虫

图1-4　棉铃虫（闫晓静、崔丽提供）

二、食叶害虫

食叶性害虫以取食玉米叶片为主，常把叶片咬成孔洞或缺刻，有时害虫的大龄幼虫食量大，可将叶片全部吃掉，为害严重。食叶性害虫主要是通过减少植物光合作用面积直接造成产量损失；有时害虫会咬断心叶，影响植株的生长发育；有些种类大龄后常钻蛀到茎秆内取食，造成更大的产量损失。该类害虫为咀嚼式口器昆虫，包括鳞翅目的幼虫如草地贪夜蛾、玉米螟、棉铃虫、黏虫、甜菜夜蛾、斜纹夜蛾、草地螟、稻纵卷叶螟、美国白蛾等，鞘翅目成虫如双斑长跗萤叶甲、褐足角胸叶甲、铁甲虫等，直翅目的蝗虫、蟋蟀等。

1. 黏虫（Oriental Armyworm）

黏虫［*Mythimna separate*（Walker）］属鳞翅目夜蛾科。黏虫老熟幼虫长36~40mm，体色黄褐到墨绿色。头部红褐色，头盖有网纹，额扁，头部有棕黑色"八"字纹。背中线白色较细，两边为黑细线，亚背线红褐色。

黏虫幼虫 3 龄后咬食叶片成缺刻状，或吃光心叶，形成无心苗；5~6 龄达暴食期，能将幼苗地上部分全部吃光，或将整株叶片吃掉只剩叶脉，造成严重减产，甚至绝收。也可为害果穗。

黏虫 1 年发生 2~8 代，为迁飞性害虫，在北纬 33°以北地区不能越冬，长江以南地区，幼虫和蛹在稻桩、杂草、麦田表土下等处越冬。翌年春天羽化，迁飞至北方为害，成虫有趋光性和趋化性。幼虫畏光，白天潜伏在心叶或土缝中，傍晚爬到植株上为害，幼虫常成群迁移到附近地块为害（图1-5）。

（a）黏虫幼虫　　　　　　　　　　　　　（b）黏虫成虫

图 1-5　黏虫（张天涛提供）

2. 甜菜夜蛾（Beet Armyworm）

甜菜夜蛾［*Spodoptera exigua*（Hubner）］属鳞翅目夜蛾科。甜菜夜蛾老熟幼虫体长 22~27mm，体色由绿色至黑褐色，背线有或无。腹部气门下线为明显的黄白色纵带，有时带粉红色，不弯到臀足上。各节气门后上方有圆形白斑。

甜菜夜蛾初孵幼虫聚集为害，取食叶肉，剩余白色表皮；4 龄后食量大增，玉米叶片被咬成不规则的孔洞和缺刻状，严重时可吃光叶肉，仅留叶脉，残余叶片成网状挂在叶脉上。

甜菜夜蛾 1 年发生 4~7 代，以蛹在土中或以老熟幼虫在杂草上及土缝中越冬。成虫有趋光性。幼虫 3 龄前群集为害，昼伏夜出，有假死性，在田间呈点片状发生。

3. 斜纹夜蛾（Tobacco Cutworm）

斜纹夜蛾［*Spodoptera litura*（Fabr.）］属鳞翅目夜蛾科。老熟幼虫体长

35~47mm。头部黑褐色，胸腹部颜色因寄主和虫口密度不同而异，呈土黄到暗绿等色。中胸至第9腹节背面各具有近半月形或三角形的黑斑1对，中后胸的黑斑外侧有黄白色小圆点。

斜纹夜蛾初孵幼虫群集为害，仅食叶肉，留下叶脉和表皮，形成半透明纸状"天窗"，呈筛网状花叶；2龄以后分散为害，取食叶片，造成缺刻；4龄后进入暴食期，把叶片吃成残缺，严重为害时可将叶片嫩茎吃光。

斜纹夜蛾1年发生3~9代，以蛹在土壤中越冬。成虫昼伏夜出，飞翔力强，有趋光性和趋化性，喜在枝叶密集、生长茂盛的植株上产卵。幼虫有假死性，遇惊扰，蜷曲落地。

4. 双斑长跗萤叶甲（Double Spotted Leaf Beetle）

双斑长跗萤叶甲 [*Monolepta hieroglyphica*（Motschulsky）] 属鞘翅目叶甲科。成虫体长36~48mm，长卵形，棕褐色，具光泽。每个鞘翅基部具1近圆形淡色斑，四周黑色。幼虫体白色至黄白色，体长6~8mm，11节，头和臀板褐色，前胸背板浅褐色。有3对胸足，成虫取食叶片体表有成对排列的不明显的毛瘤。

以成虫为害玉米，从下部叶片开始，取食叶肉，残留不规则白色网状斑和孔洞；还可取食花丝、花粉，影响授粉；也为害幼嫩的籽粒，将其啃食成缺刻或孔洞状，同时破损的籽粒易被其他病原菌侵染。

双斑长跗萤叶甲1年发生1代，以卵在寄主植物根部土壤中越冬，翌年5月中下旬孵化，幼虫在玉米等作物或杂草根部取食为害。成虫有群集性、趋嫩性，高温活跃，早晚气温低时栖息在叶背面或植物根部，高温干旱利于虫害发生。

5. 草地螟（Beet Webworm）

草地螟（*Loxostege sticticalis* L.）属鳞翅目草螟科。杂食性害虫。成虫灰褐色、黑褐色，体长8~12mm，前翅灰褐色，上有暗色斑，外缘有黄色点状条纹，近中央处有一个较大"八"字形淡黄白色斑，近顶角处有一长形黄白色斑；后翅淡灰褐色，有2条与外缘平行的黑色波状纹。停息时，两前翅叠成三角形。卵椭圆形，初产乳白，后变为淡黄褐。幼虫末龄体长19~21mm，淡灰绿色、黄绿色或黑绿色，头黑色有白斑，背面及侧面有明显暗色纵带，带间有黄绿色波状细纵线。

龄幼虫取食叶背叶肉，吐丝结网群集为害，受惊后吐丝下垂。高龄后分散为害，食尽叶肉只留叶脉成网状。在玉米穗期可取食花丝、苞叶和幼嫩籽粒。

迁飞性害虫，1年发生1~4代，以老熟幼虫在土茧中越冬。越冬成虫一般5

月上中旬出现，6月上中旬盛发。一代幼虫6月中旬至7月中旬严重为害期，第二代幼虫一般年份为害很轻。

6. 蝗虫（Locust）

蝗虫属节肢动物门，昆虫纲。常见的有东亚飞蝗 [*Locusta migratoria manilensis*（Meyen）]、花胫绿纹蝗 [*Ailopus thalasisinus tamulus*（Fabr.）] 和黄胫小车蝗 [*Oedaleus infernalis*（Sauss）] 等。蝗虫体色依环境而变化，多为草绿色或枯草色。有1对带齿的发达大颚和坚硬的前胸背板，前胸背板像马鞍状。若虫（蝗蝻）和成虫善跳跃，成虫善飞翔。

成虫及幼虫均能以其发达的咀嚼式口器嚼食植物的叶，被害部呈缺刻状。为害速度快，大量发生时可吃成光秆。

蝗虫1年发生1~4代，因地而异。以卵在土中越冬。多数地区1年能够发生夏蝗和秋蝗两代，夏蝗5月中下旬孵化，秋蝗7月中下旬至8月上旬孵化。土壤干湿交替，有利于越冬蝗卵的孵化。

7. 蜗牛（Snails）

蜗牛属腹足纲柄眼目巴蜗牛科。为害玉米的主要有同型巴蜗牛 [*Brddybaena similaris*（Ferussac）] 和灰巴蜗牛 [*Brddybaena ravida*（Benson）]。同型巴蜗牛：贝壳中等大小，壳质厚，呈扁球形、壳高11.5~12.5mm、宽15~17mm；壳面呈黄褐色至红褐色，壳口马蹄形。灰巴蜗牛：贝壳中等大小，呈球形；壳高18~23mm，宽20~23mm；壳面黄褐色或琥珀酸色，常分布暗色不规则形斑点，壳口椭圆形。初孵幼螺只取食叶肉，留下表皮，稍大个体则用齿舌将叶、茎舐食成小孔或缺刻；或沿叶脉取食，叶片呈条状缺失。

蜗牛1年繁殖1~3次，以成螺或幼体在作物秸秆堆下或根际土壤中越冬或越夏，1年有两次发生为害高峰期，分别在春秋两季。

8. 蟋蟀（Crickets）

蟋蟀属直翅目蟋蟀科。常见的有中华蟋蟀（*Gryllus chinensis* Weber）、多伊棺头蟋（*Loxoblemmus doenitzi* Stein）和油葫芦（*Gryllus testaceus* Walke）。蟋蟀多数中小型，少数大型。黄褐色至黑褐色。后足发达，善跳跃，跗节3节，尾须较长。前翅硬、革质；后翅膜质，用于飞行。

蟋蟀食性较杂。可为害玉米的根、茎、叶，有时也为害秆，对幼苗的损害较为严重，取食叶片呈缺刻或孔洞状，常吃光幼苗的子叶或齐地咬断嫩茎，造成缺苗断垄。

一般 1 年发生 1 代，以卵在土壤中越冬。翌年 5 月中旬开始孵化为若虫，若虫共 6 龄。具有趋光性和趋湿性，对香甜物质有趋性，白天喜栖于荫蔽处，傍晚前后出来活动为害。土质偏黏重、地低洼、田间湿度大的田块发生严重。

三、地下害虫

常见的三大地下害虫为地老虎、蝼蛄和蛴螬。害虫为害基本上可以控制在较小的范围内。目前，对一些次要的和生产上新出现的害虫，如旋心虫、耕葵粉蚧等研究较少，防治技术不成熟，常在局部造成较大产量损失。

1. 地老虎（Cutworms）

地老虎属鳞翅目，夜蛾科。种类很多，为害玉米的主要有小地老虎 ［*Agrotis ypsilon*（Rottemberg）］、黄地老虎 ［*A. segetum*（Schiffermller）］ 和大地老虎 ［*Trachea tokionis*（Butler）］。小地老虎幼虫体长 37~47mm，暗褐色，表皮粗糙，密生大小不同的颗粒，腹部第 1~8 节背面，每节有 4 个毛瘤，前两个显著小于后两个，体末端臀板为黄褐色，上有黑褐色纵带两条。黄地老虎幼虫体长 33~45mm，头部黑褐色，有不规则深褐色网纹，体表多皱纹，臀板有两大黄褐色斑纹，中央断开，有较多分散的小黑点。大地老虎幼虫体长 41~61mm，体黄褐色，体表多皱纹，微小颗粒不显，腹部第 1~8 节背面的 4 个毛片，前两个和后两个大小几乎相同。臀板为深褐色的一整块，密布龟裂状的皱纹。

地老虎将叶片咬成小孔、缺刻状；为害生长点或从根颈处蛀入嫩茎中取食，造成萎蔫苗和空心苗；大龄幼虫常把幼苗齐地咬断，并拉入洞穴取食，严重时造成缺苗断垄。幼虫有转株为害习性。

大地老虎 1 年发生 1 代，小地老虎和黄地老虎 1 年发生 2~7 代，以老熟幼虫或蛹越冬。成虫昼伏夜出，卵多散产在贴近地面的叶背面或嫩茎上，也可直接产于土表及残枝上。

2. 蝼蛄（Mole Crickets）

蝼蛄属直翅目，蝼蛄科。在我国为害玉米的主要有华北蝼蛄（*Gryllotalpa unispina* Saussure）和东方蝼蛄（*G. orientalis* Burmeister）两种。华北蝼蛄成虫体长 39~45mm，东方蝼蛄成虫体长 31~35mm。体色灰褐至暗褐，触角短于体长，前足发达，腿节片状，胫节三角形，端部有数个大型齿，便于掘土。

蝼蛄直接取食萌动的种子，或咬断幼苗的根颈，咬断处呈乱麻状，造成植株萎蔫。蝼蛄常在地表土层穿行，形成隧道，使幼苗与土壤分离而失水干枯致死。

华北蝼蛄和东方蝼蛄分别 2~3 年和 1~2 年完成 1 代。以成虫和若虫在土中越冬。翌年 3 月上升至表土取食，以 21—23 时活动最猖獗。成虫有趋光性；对炒香的豆饼、麦麸等香甜物质有强烈的趋性；对马粪有趋性；喜松软潮湿的沙壤土。

3. 蛴螬（White Grubs）

蛴螬是鞘翅目，金龟甲总科幼虫的通称。为害玉米的主要有华北大黑鳃金龟 [*Holotrichia oblita* (Faldermann)]、东北大黑鳃金龟（*H. oblita* Faldermann）、铜绿丽金龟（*Anomala corpulenta* Motschulsky）和黄褐丽金龟（*A. exoleta* Faldermann）等。幼虫体弯曲呈"C"形，白色至黄白色。头部黄褐色至红褐色，上颚显著，头部前顶每侧生有左右对称的刚毛。具胸足 3 对。

蛴螬取食萌发的种子或幼苗根颈，常导致地上部分萎蔫死亡，或植株生长缓慢，发育不良。害虫造成的伤口有利于病原菌侵入，诱发根颈部腐烂或导致其他病害。

蛴螬 1 年或多年 1 代，因种而异。以幼虫或成虫在土中越冬，翌年气温升高开始出土活动。从卵孵化到成虫羽化均在土中完成，喜松软湿润土壤。成虫大多为害林木叶片，少有为害玉米，有趋粪性和假死性，喜欢在潮湿的地块产卵，卵多散产在根际周围松软的土壤中，幼虫 3 龄后进入暴食期，可转株为害。施有机肥料的地块，水浇地被害较重。

4. 金针虫（Wireworms）

金针虫是鞘翅目叩头虫科幼虫的通称。为害玉米常见的有沟金针虫（*Pleonomus canaliculatus* Faldermann）、细胸金针虫（*Agriotes fuscicollis* Miwa）和褐纹金针虫（*Melanotus caudex* Lewis）。老熟幼虫体长 20~30mm，细长圆筒形，体表坚硬而光滑，淡黄色至深褐色，头部扁平，口器深褐色。

金针虫取食种子、嫩芽；可钻蛀在根茎内取食，有褐色蛀孔，被害株的主根很少被咬断、被害部位不整齐。

金针虫一般 2~5 年完成 1 代，因种和地域而异。幼虫耐低温而不耐高温，以幼虫或成虫在地下越冬或越夏，每年 4—6 月和 10—11 月在土壤表层活动取食为害。潮湿和有机质含量高的地块发生较重。

5. 玉米耕葵粉蚧（Corn Root Mealybug）

玉米耕葵粉蚧（*Trionymus agrestis* Wang et Zhang）属同翅目粉蚧科粉蚧属。

若虫共 2 龄，1 龄若虫橘黄色，无蜡粉，爬行速度较快；2 龄若虫体表出现白色蜡粉，行动迟缓。雌成虫红褐色，身覆白色蜡粉；雄成虫较小，深褐色，前翅白色透明，后翅退化为平衡棒。

若虫和雌成虫群集于表土下玉米幼苗根节周围刺吸植株汁液，以 4~6 叶期为害最重，茎基部和根尖被害后呈黑褐色，严重时茎基部腐烂，根茎变粗畸形，气生根不发达；被害株细弱矮小，叶片由下而上变黄干枯。后期则群集于植株中下部叶鞘为害，严重者叶片出现干枯。

玉米耕葵粉蚧以卵在卵囊中附着在田间留的玉米根茬或秸秆上越冬，1 年发生 3 代，第 1 代在小麦上为害，第 2 代孵化时在 6 月中旬，正是夏玉米 2~3 叶期。不喜高温，早晚聚集在根茎部为害，炎热时躲避到较深的土壤中。小麦和玉米套种的田块、免耕田块、管理粗放和杂草防治较差的田块发生较重。

6. 二点委夜蛾（*Athetis lepigone*）

二点委夜蛾［*Athetis lepigone*（Moschler）］属鳞翅目夜蛾科。老熟幼虫体长 14~18mm，最高 20mm，黄灰色到黑褐色；头部褐色，额深褐色，额侧片黄色，额侧缝黄褐色；腹部背面有两条褐色背侧线，到胸节消失，各体节背面前缘具有一个倒三角形的深褐色斑纹；气门黑色，气门上线黑褐色，气门下线白色；体表光滑。有假死性，受惊后蜷缩成"C"形。成虫体长 10~12mm，灰褐色，前翅黑灰色，上有白点、黑点各 1 个。后翅银灰色，有光泽。

幼虫主要从玉米幼苗茎基部钻蛀到茎心后向上取食，形成圆形或椭圆形孔洞，钻蛀较深切断生长点时，心叶失水萎蔫，形成枯心苗，严重时直接蛀断，整株死亡；或取食玉米气生根系，造成玉米苗倾斜或侧倒。

二点委夜蛾幼虫在 6 月下旬至 7 月上旬为害夏玉米。一般顺垄为害，有转株为害习性；有群居性，多头幼虫常聚集在一株下为害，可达 8~10 头；白天喜欢躲在玉米幼苗周围的碎麦秸下或在 2cm 左右的表土层为害玉米苗；麦秸较厚的玉米田发生较重。

四、刺吸式害虫

刺吸式害虫是玉米苗期到大喇叭口期的主要害虫，常见的有蚜虫、蓟马、叶螨、灰飞虱、盲蝽和叶蝉等。该类害虫通过刺吸式或锉吸式口器吸食玉米植株的汁液，造成营养损失。主要为害叶片和雄穗，害虫直接取食造成受害部位发白、发黄、发红、皱缩，甚至枯死而使玉米直接减产。有些害虫如灰飞虱、蚜虫等还可传播病毒病，如粗缩病、矮花叶病等。蚜虫在雄穗上取食导致散粉不良，籽粒结实性差；排出的"蜜露"在叶片上形成霉污，影响光合作用。同时虫伤易成为细菌、真菌等病原菌的侵染通道，诱发细菌性病害或瘤黑粉病、鞘腐病等，间接造成更大的产量损失。

刺吸性害虫大多体小而活动隐蔽，为害初期不易被察觉，往往在造成严重症状后才被发现；多具翅，可转株为害，在田间发生多有中心点，在早期，可以采用"挑治"的方式；1年多代，繁殖蔓延较快，防治宜早。所以，化学防治是控制该类害虫的主要措施。

1. 蚜虫（Aphids）

蚜虫属同翅目蚜科。为害玉米的主要有玉米蚜 ［*Rhopalosiphum maidis* (Fich)］、禾谷缢管蚜（*R. padi* L.）和麦长管蚜 ［*Sitobion avenae* (F.)］、麦二叉蚜 ［*Schizaphis graminum* (Rondani)］等，以玉米蚜发生最为严重。蚜虫分有翅孤雌蚜和无翅孤雌蚜两型。体长 1.6~2mm。触角 4~6 节，表皮光滑、有纹。有翅蚜触角通常 6 节，前翅中脉分为 2~3 支，后翅常有肘脉 2 支。

成、若蚜群集于叶片背面、心叶，花丝和雄穗取食。能分泌"蜜露"并常在被害部位形成黑色霉状物，影响光合作用，叶片边缘发黄；发生在雄穗上会影响授粉并导致减产；被害严重的植株的果穗瘦小，籽粒不饱满，秃尖较长。此外，蚜虫还能传播玉米矮花叶病毒和红叶病毒，导致病毒病造成更大的产量损失。

玉米蚜 1 年 10~20 代。主要以成虫在小麦和禾本科杂草的心叶里越冬。翌年产生有翅蚜飞至玉米心叶内为害。雄穗抽出后，转移到雄穗上为害。

2. 蓟马（Thrips）

为害玉米的蓟马有玉米黄呆蓟马 ［*Anaphothrips obscurus* (Müzle)］ 禾蓟马（*Franklinielle tenuicornis* Uzel）和稻管蓟马 ［*Haplothrips aculeatus* (Fabr.)］ 等，均属缨翅目，前两者属蓟马科，后一种属管蓟马科。体长一般为 1~1.7mm，通常具两对狭长的翅，翅缘有长的缨毛。苗期为害较大，通常在心叶中为害，以其锉吸式口器刮破植株表皮，口针插入组织内吸取汁液。叶片抽出后，叶片上呈现断续的银白色条斑，伴随有小污点。严重时心叶卷曲畸形，成马尾状，不易抽出，被害部易被细菌侵染，导致细菌性顶腐病。

蓟马 1 年发生 1~10 代。在禾本科杂草根基部和枯叶内越冬，翌年 5 月中下旬迁到玉米上为害。趋光性和趋蓝性强，喜在幼嫩部位取食。春播和早夏播玉米田发生重。

3. 叶螨（Spider Mites）

叶螨为蛛形纲真螨目叶螨科螨类的统称，俗称红蜘蛛。为害玉米的主要有截形叶螨（*Tetranychus truncatus* Enara）、朱砂叶螨［*T. cinaabarinus*（Boisdural）］和二斑叶螨（*T. urticae* Koch）等。雌螨体长 0.28～0.59mm。体椭圆形，多为深红色至紫红色。

叶螨聚集在叶背取食，从下部叶片向中上部叶片蔓延。被害部初为针尖大小黄白斑点，可连片成失绿斑块，叶片变黄白色或红褐色，俗称"火烧叶"，严重时整株枯死，造成减产。

叶螨 1 年发生多代，以雌成螨在杂草根下的土缝、树皮等处越冬。翌年 5 月下旬转移到玉米田局部为害，7 月中旬至 8 月中旬形成为害高峰期。叶螨在株间通过吐丝垂飘水平扩散，在田间呈点片分布。干旱有利于叶螨发生，降雨对其有抑制作用。

第三节　主要病害种类

一、叶部真菌病害

叶部真菌病害主要在叶片上形成大小不一的病斑，病斑占据叶表面，直接影响植株的光合作用，降低光合效率；同时病原菌产生的毒素也会干扰植株正常的生理代谢。当病斑尤其是棒三叶上的病斑占到叶片面积的 30% 以上时，可造成植株矮小细弱，果穗瘦小，籽粒干瘪，产量降低；同时病株抗性降低，易被镰孢菌等病原菌侵入，引起早衰、倒伏等，造成更大的损失。

该类病害的病原菌多数可通过气流、风雨远距离传播。条件适宜时，病原菌从侵入到再产生分生孢子传播为害仅需要几天时间，易在生产上造成大面积暴发流行。

1. 玉米大斑病（Northern Leaf Blight）

病原为大斑突脐蠕孢［*Exserohilum turcicum*（Pass.）Leonard et Suggs］，有性态为大斑刚毛球腔菌［*Setosphaeria turcica*（Luttrell）Leonard et Suggs］。有性态

在自然条件下较少见。无性态的分生孢子梗从玉米叶片表皮伸出，单生或2~6根丛生，褐色；分生孢子长梭形，浅褐色，2~7个假隔膜，孢子脐点突于基细胞外。分生孢子萌发时两端产生芽管，芽管接触到硬物时，在顶端形成附着孢。

初侵染斑为水渍状斑点，成熟病斑长梭形，长度一般在50mm以上。病斑主要有3种类型：①黄褐色，中央灰褐色，边缘有较窄的褐色到紫色晕圈，病斑较大，多个病斑常连接成片状枯死，出现在感病品种上。气候潮湿时，病斑上可产生大量灰黑色霉层。②黄褐色或灰绿色，中心灰白色，外围有明显的黄色褪绿圈，病斑相对较小，扩展速度较慢，出现在抗病品种上。③紫红色，周围有或无黄色或淡褐色褪绿圈，中心灰白色或无，产生在抗性品种上（图1-6）。

病原菌在病残体上越冬，翌年随气流、雨水传播到玉米上引起发病，条件适宜时，病斑很快又产生分生孢子，引起再侵染。气温在18~27℃，湿度90%以上时该病害易暴发流行。

图1-6 玉米大斑病（石洁提供）

2. 玉米小斑病（Southern Leaf Blight）

病原无性态为玉蜀黍平脐蠕孢 [*Bipolaris maydis*（Nisikado et Miyake）Shoemaker], 有性态为异旋孢腔菌 [*Cochliobolus heterostrophus* (Drechsler) Drechsler] 病原菌有性态在自然界中少见。无性态的分生孢子梗从玉米叶片表皮组织气孔或细胞间隙中伸出, 单生或 2~3 根束生, 直立或屈膝状弯曲, 褐色, 不分枝, 在顶端或膝状弯曲处有孢痕; 分生孢子长椭圆形, 淡至深褐色, 向两端渐细, 多向一侧弯曲, 3~13 个隔膜, 基部脐点明显, 凹陷在基细胞内; 孢子萌发时多从两端长出芽管。

初侵染斑为水渍状半透明的小斑点, 成熟病斑常见有 3 种类型: ①条形病斑: 病斑受叶脉限制, 两端呈弧形或近长方形, 病斑上有时出现轮纹, 黄褐色或灰褐色, 边缘深褐色, 大小为 (2~6) mm×(3~22) mm, 湿度大时病斑上产生灰色霉层, 在某些品种上病斑长度可达 70mm。近年来, 该种病斑为田间发生的主要类型。②梭形病斑: 一般病斑较小, 梭形或椭圆形, 黄褐色或褐色, 大小为 (0.6~1.2) mm×(0.6~1.7) mm, 在有的品种上病斑较大。③点状病斑: 病斑为点状, 黄褐色, 边缘紫褐色或深褐色, 周围有褪绿晕圈, 此类型产生在抗性品种上 (图 1-7)。

图 1-7　玉米小斑病 (石洁提供)

病原菌在病残体上越冬，翌年随气流、雨水传播，条件适宜时，在 60~72h 内可完成一个侵染循环，一个生长季节可有多次再侵染。气温在 26~32℃，田间湿度较高时，易造成该病害流行。

3. 玉米弯孢叶斑病（Curvularia Leaf Spot）

病原菌为弯孢霉属的多个种可在玉米上引起该病，优势种为新月弯孢 ［Curvularia lunata（Wakker）Boedijn］。

初侵染病斑为水渍状褪绿小点，成熟病斑为圆形或椭圆形，中央有一黄白色或灰白色坏死区，边缘褐色，外围有褪绿晕圈，似"眼"状。最常见 2 种病斑类型，抗性病斑多为褪绿点状斑，无中心坏死区，病斑不枯死，病斑较小，一般为（1~2）mm×（1~2）mm；感病病斑可达（4~5）mm×（5~7）mm，多个病斑相连，呈片状坏死，严重时整个叶片枯死；近年来，在冷凉地区常发现"大型"病斑，病斑面积为典型病斑的 3~5 倍。

病原菌在病残体上越冬，翌年随气流、风雨传播到玉米上，遇合适条件萌发侵入。病原菌可在 3~4 天完成一个侵染循环，一个生长季节可有多次再侵染。高温高湿条件下可在短时期内造成该病害大面积流行。

4. 玉米灰斑病（Gray Leaf Spot）

多种尾孢属真菌是玉米灰斑病的致病菌。有性态为球腔菌属，但在自然界中罕见，无性态为玉蜀黍尾孢（Cercospora zeae-maydis Tehon et E. Y. Daniels）、玉米尾孢（Cercospora zeae Crous & Braun）、高粱尾孢玉米变种（Cercospora sorghi var. maydis Ellis & Everh）。我国引起玉米灰斑病的病原主要为玉蜀黍尾孢和玉米尾孢。

发病初期，病斑易和小斑病混淆。初侵染病斑为水渍状斑点，逐渐平行于叶脉扩展并受到叶脉限制，成熟病斑为灰褐色或黄褐色，多呈长方形，两端较平，这点是区别于其他叶斑病的主要特征，大小为（0.5~4）mm×（0.5~30）mm。病斑连片常导致叶片枯死，田间湿度大时在病部可见灰色霉层。抗性斑多为点状，病斑周围有褐色边缘。病原菌也可在叶鞘、苞叶上形成病斑。

病原菌在病残体上越冬，翌年随风雨传播到玉米上侵入，一个生长季节可有多次再侵染。发病的最佳温度为 25℃，最佳湿度为 100% 或者有水滴存在，因此，降雨量大、相对湿度高、气温较低的环境条件有利于该病害的发生和流行。

5. 玉米褐斑病（Physoderma Brown Spot）

病原为玉蜀黍节壶菌（Physoderma maydis Miyabe）。蜀黍节壶菌在寄主组织表层细胞下形成大量的休眠孢子囊堆。休眠孢子近圆形至卵圆形，壁非常厚，黄褐色，萌发时在孢子囊顶端形成一个小盖，盖子开启后释放游动孢子至水中。

初侵染病斑为水渍状褪绿小斑点，成熟病斑中间隆起，内为褐色粉末状休眠孢子堆。病斑可出现在叶片、叶脉和叶鞘上，叶片上病斑较小，常连片并呈垂直于中脉的病斑区和健康组织相间分布的黄绿条带，这点是区别于其他叶斑病的主要特征；叶鞘、叶脉上的病斑较大，红褐色到紫色，边缘清晰，常连片致维管束坏死，随后叶片由于养分无法传输而枯死。

病菌以孢子囊在土壤或病残体中越冬，翌年病菌随气流或风雨传播到玉米植株上，遇到合适条件萌发释放出大量的游动孢子，侵入玉米幼嫩组织内引起发病。温度23~30℃、相对湿度85%以上，降雨较多的天气条件，有利于该病害流行。

6. 玉米南方锈病（Southern Corn Rust）

病原为多堆柄锈菌（*Puccinia polysora* Underw.），有生理小种分化。

初侵染病斑为水渍状褪绿小斑点，很快发展成为黄褐色突起的疱斑，即夏孢子堆。孢子堆开裂后散出金黄色到黄褐色的夏孢子。严重时全株布满夏孢子堆，植株枯死。在抗性品种上，只形成褪绿斑点，不产生夏孢子堆，或夏孢子堆很小。

该病原菌为专性寄生菌，只能寄生在活的玉米组织上，夏孢子离体后存活时间很短。因此，病原菌在南方沿海地区玉米上越冬后，夏孢子随气流远距离传播到内陆玉米上，遇合适的温湿度萌发侵入，1年可有多次再侵染。温度26~28℃，相对湿度较高的气候条件，适合该病害的流行（图1-8）。

7. 玉米普通锈病（Common Corn Rust）

病原为高粱柄锈菌（*Puccinia sorghi* Schw.）。

初侵染病斑为淡黄色斑点，扩展形成褪绿病斑，其上很快形成多个突起的小疱——夏孢子堆，夏孢子堆在病斑的正反两面都会出现。夏孢子堆为球形到椭圆形，黄褐到红棕色，表皮破裂后，散出黄褐或红褐色粉状夏孢子，孢子堆可连成片。后期在病斑及其周围形成冬孢子堆，冬孢子堆破裂散出深褐色粉状的冬孢子。病斑主要集中在叶片上部的下披弯曲部分和叶片基部或中脉附近，呈片状分布。在有些品种上可形成褪绿抗性斑。

以冬孢子在病残体上越冬，翌年冬孢子萌发产生担孢子成为初侵染源，借气流传播。病斑上产生的夏孢子可引起再侵染。另外，夏孢子可在温暖地区越冬，

图1-8　玉米南方锈病（石洁提供）

来年通过高空远距离传播成为初侵染源。温度在 16~23℃，湿度 100%，有利于该病害流行。

二、茎部真菌病害

该类病害主要在玉米生长中后期发生，施药困难。病斑从下部逐渐往中上部叶鞘蔓延，病斑局限在下部叶鞘时，基本上不会造成产量损失，条件适宜时，快达到棒三叶，甚至穗上苞叶，引起秃尖、籽粒干瘪，或者穗腐，造成很大产量损失。

1. 玉米纹枯病（Banded Leaf and Sheath Blight）

病原菌为立枯丝核菌（*Rhizoctonia solani* Kühn）；禾谷丝核菌（R. *cerealis* van der Hoeven）；玉蜀黍丝核菌（R. *zeae* Voorhees）。以立枯丝核菌和玉蜀黍丝核菌为优势病原菌。

初侵染病斑为水渍状，椭圆形或不规则形；成熟病斑中央灰褐色、黄白色或黑褐色，病斑相连而呈现云纹状斑块。病斑可沿叶鞘上升至果穗，在苞叶上产生同样病斑，并侵入籽粒、穗轴，导致穗腐。严重时也可通过茎节侵入茎秆，在茎表皮上留下褐色或黑褐色不规则病斑。湿度大时，在病部可见白色絮状霉层，后期可在病部形成黑褐色颗粒状、直径为 1~2mm 的菌核（图 1-9）。

病原菌以菌丝、菌核状态在土壤中或病残体上越冬，通过风雨、农事操作等传播到寄主叶鞘表面而发病，病斑上长出的菌丝、孢子和菌核为再侵染源。温度 26~32℃，相对湿度 90% 以上，利于该病害流行。

图 1-9　玉米纹枯病（石洁提供）

2. 玉米鞘腐病（Sheath Rot）

鞘腐病由多种病原菌单独或复合侵染引起的叶鞘腐烂病的总称。

病原菌　主要病原菌有层出镰孢菌［*Fusarium proliferatum*（Mats.）Nirenberg］、禾谷镰孢菌（*F. graminearum*）、串珠镰孢菌（*F. moniliform*）、细菌、节壶菌等，蚜虫等害虫为害也可引起鞘腐病。

病斑可从任一部位的叶鞘发生，因病原菌的种类不同症状表现各异。初期多为水渍状斑点，逐渐扩展为圆形、椭圆形或不规则形病斑，干腐或湿腐，几个病斑常连片成不规则状大斑，叶片逐片干枯。病斑只发生在叶鞘上，叶鞘下茎秆正常。条件适宜时病部可见白色、灰黑色、粉红色、红色、紫色霉层。虫害引起的鞘腐，外观常呈紫色、浅紫色，叶鞘内侧可见蚜虫等小型害虫为害。

病原菌在病残体、土壤或种子中越冬，翌年随风雨、农具、种子、人畜等传播，遇合适条件侵染玉米发病。高温高湿有利于该病害的流行。

3. 玉米茎腐病（Stalk Rots）

又称玉米茎基腐病、青枯病，是成株期茎基部腐烂病的总称。

具体可分为玉米腐霉茎腐病、玉米镰孢茎腐病、玉米炭疽茎腐病。多种腐霉引起茎腐病，主要为肿囊腐霉（*Pythium inflatum* Matthews），禾生腐霉（*Pythium graminicola* Subramaniam），瓜果腐霉 [*Pythium aphanidermatum* （Edson） Fitzpatrick]。多种镰孢能够引起玉米茎腐病，在我国主要致病菌为禾谷镰孢（*Fusarium graminearum* Schwabe），有性态为玉蜀黍赤霉 [*Gibberellar zeae* （Schw.） Patch]。炭疽茎腐病原为禾生炭疽菌 [*Colletotrichum graminicola* （Ces.） Wilson]。

一般在乳熟后期开始表现症状。大部分病原菌都可引起以下两种症状类型：青枯型和黄枯型。田间表现何种症状类型是品种、温湿度、降雨、病原菌相互作用的结果。①青枯型：整株叶片突然失水干枯，呈青灰色，茎基部发黄变褐，内部空松，手可捏动，根系水渍状或红褐色腐烂，果穗下垂。②黄枯型：病株叶片从下部开始逐渐变黄枯死，果穗下垂；茎基部变软，内部组织腐烂，维管束丝状游离，褐腐或红腐；根系腐烂破裂，粉红色到褐色，须根减少。植株枯死导致籽粒灌浆不满、秃尖增长，粒重下降造成直接产量损失，植株茎节变软，引起倒伏，还可造成更大的间接产量损失。

腐霉菌茎腐病适宜在潮湿的环境下发生，起病较急，多为青枯型，病株髓部为湿腐，湿度大时有白色霉层。镰孢菌茎腐病在相对干旱的地方容易发生，发病缓慢，多为黄枯型，初期和缺素症、早衰不易区分，病株髓部为干腐，为褐色或红色、紫色（图1-10）。

玉米茎腐病的侵染源为土壤、种子或病残体中的病原菌，全生育期均可从根、茎基部、近地茎节处通过伤口或直接侵入，并在以上各处形成病斑，病原菌在组织内蔓延，最后到达茎基部，堵塞维管束，地上部得不到水分和营养而干枯死亡。

腐霉菌茎腐病在高温多雨、土壤湿度大的地区容易发生。镰孢菌茎腐病在前期干旱，灌浆后遇雨的气候条件下易大面积发生。由于镰孢菌是小麦、玉米的共同病原菌，同时也是秸秆田间腐烂的主要菌群，因此，小麦玉米连作区、连续多年秸秆还田或免耕的地块发病较重。

图1-10　玉米茎腐病（石洁提供）

三、穗部真菌病害

该类病害发生在果穗上或在果穗上表现症状，直接降低玉米的籽粒产量或品质。穗腐病或瘤黑粉病造成的果穗霉变，直接减少籽粒的产量，同时霉变籽粒产生的毒素，如玉米赤霉烯酮、脱氧雪腐镰孢菌烯醇、黄曲霉毒素等人畜取食后引起中毒，造成更大的为害。该类病害易防难治，发现时产量损失已经造成，不可补救。种植抗病品种是最好的防治方法。另外，种子用专用药剂处理，对丝黑穗病有很好的防治效果。

1. 玉米丝黑穗病（Maize Head Smut）

病原为丝孢堆黑粉菌玉米专化型［*Sporisorium reilianum*（Kühn）Langdon et Full. F. sp. zeae］。玉米丝黑穗病菌在玉米组织中形成黑色的冬孢子堆，成熟后散发出黑色的冬孢子。冬孢子黄褐色、黑褐色，近球状，直径为9~14μm，壁厚

14μm，表面有大量细刺。

　　部分病株在苗期可表现症状，如分蘖、矮化、心叶扭曲、叶色浓绿、叶片出现黄白色纵向条纹等，大部分病株直到穗期才可见典型症状：病株果穗短粗，外观近球形，无花丝，内部充满黑粉，黑粉内有一些丝状的维管束组织，所以称此病为丝黑穗病。有的果穗小，花过度生长呈肉质根状，似"刺猬头"。雄穗全部或部分小花变为黑粉包或畸形生长（图1-11）。

　　该病害为系统扩展病害，病原菌以冬孢子（厚垣孢子）在土壤、种子或病残体上越冬，翌年适宜条件下萌发并主要通过芽鞘侵入。病原菌进入生长点后，随植株生长扩展到全株，在雌雄穗形成冬孢子堆，散出孢子，无再侵染。低温干旱有利于该病害流行。

图1-11　玉米丝黑穗病（石洁提供）

　　2. 玉米瘤黑粉病（Maize Common Smut）

　　病原为玉蜀黍瘿黑粉菌［*Mycosarcoma maydis*（DC.）Brefeld］。发病组织成熟并干燥后病菌才以黑褐色粉末的方式自然释放，黑色粉末即为病菌的冬孢子。冬孢子球形或椭圆形，深褐色，具有厚的外壁，表面有密集细丝；冬孢子萌发后产生大量无色、单胞的单倍体担孢子。担孢子可以在培养基上生长，产生类似酵母状、乳白色的菌落。

玉米瘤黑粉病菌在玉米植株的任何地上部位都可产生形状各异、大小不一的瘤状物，主要着生在茎秆和雌穗上，黑粉瘤着生在茎秆和雌穗上对产量影响最大。典型的瘤状物组织初为绿色或白色，肉质多汁，后逐渐变灰黑色，有时带紫红色，外表的薄膜破裂后，散出大量的黑色粉末（病菌冬孢子）（图1-12）。

在玉米生育期的各个阶段均可直接或通过伤口侵入。病菌以冬孢子在土壤中及病残体上越冬，翌年冬孢子或冬孢子萌发后形成的担孢子和次生担孢子随风雨、昆虫、农事操作等多种途径传播到玉米上，一个生长季节可有多次再侵染。温度在26~34℃，虫害严重时有利于该病害流行。

图1-12　玉米瘤黑粉病（石洁提供）

3. 玉米穗腐病（Maize Ear and Kernel Rots）

具体包括玉米拟轮枝镰孢穗腐病、玉米禾谷镰孢穗腐病、玉米木霉穗腐病、玉米曲霉穗腐病、玉米青霉穗腐病、玉米黑孢穗腐病、玉米枝孢穗腐病、玉米炭腐穗腐病（图1-13）。

拟轮枝镰孢穗腐病，病原为拟轮枝镰孢（*Fusarium verticillioides*（Sacc.）Nirenberg），发病轻时，籽粒表面出现放射状白色或紫红色的条纹；有时被侵染籽粒出现黑色的病斑；随着病情发展，籽粒表面长出白色或粉白色的绒状菌丝；通过花丝侵染，果穗上多呈现分散的霉变籽粒，但也会有连片的病斑，甚至全穗腐烂。若病菌通过茎髓维管束组织从穗轴内部向籽粒侵染，籽粒易脱落，在籽粒侧面布满放射状条纹，逐渐在籽粒间隙长出白色菌丝；穗轴松散破裂。病菌也能通过苞叶上形成的伤口入侵至籽粒。

图 1-13　玉米穗腐病（石洁提供）

禾谷镰孢穗腐病，病原为禾谷镰孢（复合种）（*Fusarium graminearum* clade），在我国常见的致病种类有：禾谷镰孢、布氏镰孢、南方镰孢、亚洲镰孢。禾谷镰孢主要从玉米雌穗顶端通过花丝侵染。发病轻微时，在玉米籽粒表面可见白色至紫红色的放射状条纹或籽粒颜色改变，逐渐在籽粒表面和籽粒间出现粉白色的菌丝并逐渐变为紫色；顶部籽粒首先出现腐烂并逐渐向雌穗下部蔓延，导致籽粒连片腐烂，很少出现籽粒分散腐烂的现象，腐烂的籽粒变为紫红色、黏湿；有时发病也会始于穗轴内部，导致穗轴松软开裂。

玉米木霉穗腐病，病原为绿色木霉（*Trichoderma viride* Pers. Ex Fries），哈茨木霉（*Trichoderma harzianum* Rifai）。首先在雌穗苞叶表面出现大范围白色菌丝，并在较短时间内变为蓝绿色或深绿色；病菌很快穿透苞叶，在籽粒表面形成白色菌丝并逐渐转为绿色，引起籽粒松动易脱落、灌浆不饱满；有时病菌从维管束系统进入穗轴，表现为穗轴内部先出现绿色的菌丝。病原菌在种子、病残体或土壤中越冬，翌年随风雨、气流传播到穗上，也可由害虫通过蛀食传播。温度、湿度和伤口是该病害发生的主要因素，其他影响因素有：果穗的直立角度，苞叶的长短、松紧程度以及穗期害虫的种类和为害程度等。

四、根部真菌病害

该类病害病原菌种类复杂，基本上都是由多种病原菌单独或复合侵染引起，病原菌可在土壤、种子、病残体上存活，多能通过土壤或种子传播。许多病原菌可同时侵染玉米或其他作物并引起病害。近年来，小麦玉米连作区推广的秸秆还田和免耕直播技术，为土壤中病原菌的生存、繁殖和积累提供了条件，在一定程度上加重了该类病害的发生。

根茎部病害在苗期发生，常会造成缺苗断垄，即使进行有效的挽救处理，也会造成小苗和弱苗，从而影响亩产量。在玉米生长后期发生，主要造成植株的过早死亡，影响玉米籽粒的灌浆和百粒重，直接降低每亩的籽粒产量。

种子包衣或拌种处理，可有效地防治玉米苗期根腐病，但是对顶腐病和茎腐病的防治效果并不理想。目前，最有效的方法是利用抗病品种和健康栽培提高植株抗病能力。

1. 玉米腐霉根腐病（Pythium root rot）

多种腐霉菌可引起玉米腐霉根腐病，主要有肿囊腐霉（*Pythium inflatum* Matthews），瓜果腐霉［*Pythium aphanidermatum*（Edson）Fitzpatrick］，禾生腐霉（*Pythium graminicola* Subramaniam）。引起腐霉根腐病的致病菌有 10 余种腐霉。腐霉菌的主要特征为成熟菌丝较粗壮，在菌丝上产生指状、瓣状或球状的大小不一的游动孢子囊（因病菌种不同而异），藏卵器壁光滑或有刺状纹饰，雄器同丝或异丝，每个藏卵器 1 个或数个，卵孢子满器或非满器。

病害发生后，幼苗叶片从叶尖开始变黄，逐渐萎蔫并干枯，最终导致枯死。拔出植株，可见根系（主根及次生根）局部或全部组织变深褐色并软腐。

腐霉菌为土壤中习居菌，能够在土壤中腐生生长。其卵孢子具有很强的抗逆性，在土壤中可存活数年。腐霉菌侵染玉米的根系后，导致幼苗死亡或在生长后期引起腐霉茎腐病。病菌的游动孢子通过灌降雨后形成的流水在田间传播，病菌也可通过机械耕作而传播。死亡的病苗或玉米收获后的发病根茎秆都可能返回到土壤中，因此病菌能够顺利在土壤中存活并不断扩大群体，形成翌年的侵染源。

2. 玉米种腐病（Seed rot）

多种真菌能够引起玉米种腐病，常见的有拟轮枝镰孢 [*Fusarium verticillioides* (Sccc.)]，禾谷镰孢（复合种）(*F. graminearum* Schwabe. clade)，曲霉（*Aspergillus* spp.），青霉（*Penicillium* spp.），木霉（*Trichoderma* Spp.），平脐蠕孢（*Bipolaris* pp），丝核菌（*Rhizocronia* spp.），链格孢（*Alternaria* spp.），根霉（*Rhizopus* spp.），丛梗孢（*Monilia* spp.）。

播种后种子霉变，不发芽，籽粒腐烂；一些种子能够萌发，但由于病菌繁殖快，在幼芽尚未出土时，种子已经腐烂，无法提供营养，导致幼芽无法继续生长而死亡；较轻的种腐病发生时，幼芽可以出土，但由于种子逐渐腐烂，根系无法形成，或病菌侵染根系，引起根腐，最终导致幼苗死亡。

引起种腐病的真菌均有较强的腐生能力，既可以种传，也可以在土壤中腐生存活。病害的发生主要是由于制种生产中后期遇到不利于籽粒脱水的环境条件，来自田间的病菌侵染种子，同时在种子收获后的加工阶段未能识别带菌种子并将带菌种子筛除，造成种子携带病菌引发种腐病。

五、细菌病害

1. 玉米泛菌叶斑病（Pantoea leaf spot）

病原为菠萝泛菌（*Pantoea ananatis*）。菠萝泛菌为兼性厌氧菌，革兰氏反应阴性，培养中产生淡黄色色素；菌体为短杆状，大小为（0.5~1.3）μm×（1.0~3.0）μm，鞭毛周生，具运动性。

玉米泛菌叶斑病主要发生在玉米生长的前期与中期。发病初期，叶片上出现分散的大量小型、略带黄色的水渍状斑点；病斑逐渐沿叶脉扩展，呈现一些长条状的褪绿带；小病斑相连后，逐渐引起细胞坏死，在叶脉间形成黄褐色的坏死条斑，严重时造成局部组织枯死。

菠萝泛菌具有较广的寄主范围，可在玉米等植物的叶片组织中越冬，可通过种子携带进行远距离传播。翌年春季，各种带菌病残体以及种子形成病害的初侵侵染源，前者通过风雨传播至玉米叶片上，后者直接通过植株内部系统进入叶片。发病后，病菌主要在叶片维管束系统内繁殖与移动，植株间的相互传播作用较小。病害的发生程度主要受多雨高湿气候的影响。

2. 玉米细菌性顶腐病（Bacterial top rot）

引起顶腐病的多数细菌为条件致病菌，包括肺炎克雷伯氏菌 [*Klebsiella peneumoniae*（Schroeter, 1886）Trevisan, 1887]，铜绿假单胞杆菌 [*Pseudomonas aeruginosa*（Schroeter, 1872）Migula, 1900]，鞘氨醇单胞菌属（*Sphingomonas* sp.），黏质沙雷氏菌（*Serratia marcescens* Bizio, 1819）。

肺炎克雷伯氏菌：革兰氏反应阴性；菌体杆状，大小为（0.3~0.6）μm×（0.6~6.0）μm；单生或呈短链状，有荚膜，无鞭毛；菌落黏稠。

铜绿假单胞杆菌：革兰氏反应阴性；菌体长短不一，杆状或线状，大小为（0.5~0.8）μm×（1.5~3.0）μm，一端生单鞭毛；在培养基上产生水溶性荧光素。

黏质沙雷氏菌：革兰氏反应阴性；菌体短杆状，大小为（0.7~1.0）μm×（1.0~1.3）μm×；鞭毛周生，无荚膜和芽孢；菌落边缘不规则，产生红色色素。

鞘氨醇单胞菌属：革兰氏反应阴性；菌体短杆状，大小为（0.3~0.8）μm×（1.0~2.7）μm，极生单鞭毛；菌落黄色。

在喇叭口期，如果病害发生早，心叶快速腐烂和干枯，易形成枯心苗；一般情况下，新叶叶尖失绿，发病部位呈透明状；很快叶尖组织褐色腐烂，发病部位逐渐沿叶尖边缘向下部扩展；有时发病叶片形成组织缺损；发病严重时，多个叶片的叶尖黏合在一起，新生叶片无法从喇叭口中伸出；由于病叶相连紧裹，后期影响雄穗的发育与抽出；如果病害一直持续发展，能够引发新生雄穗的腐烂以及不能形成果穗。发生腐烂的组织散发出臭味，有别于真菌引发的顶腐病。对玉米细菌性顶腐病敏感的品种患病植株常常生长矮小。

细菌可以附着在种子上或在病残体中越冬。春季借助风雨从玉米表面的气孔、水孔或伤口侵入。当玉米喇叭口期遇到持续35℃以上高温和高湿环境，易诱发细菌性顶腐病。秋季，带菌病残体可经秸秆还田重新进入土壤，成为翌年病害发生的初侵染源。

3. 玉米细菌性茎腐病（Bacterial stalk rot）

病原为玉米迪基氏菌（*Dickeya zeae* Samson et al.）。玉米迪基氏菌革兰氏反应阴性；菌体为杆状，两端钝圆，大小为（0.5~0.8）μm×（0.8~3.2）μm，无荚膜和芽孢，鞭毛周生6~8根；在肉汁蛋白胨蔗糖培养基上，菌落圆形，乳白色。

玉米细菌性茎腐病主要发生在玉米生长中期，但有时在拔节期也有发生。在拔节期，叶片基部出现严重腐烂，病斑黄褐色、不规则，腐烂部位有大量黏液，有时心叶可从中部腐烂处拔出。在玉米吐丝灌浆期，首先在穗位下方的茎秆表面出现水渍状、圆形或不规则形、边缘红褐色的病斑，病健交界处有明显的水渍状腐烂，发病节位以上的叶片呈灰绿色萎蔫；病害进一步发展，导致发病茎节组织崩解，茎秆倒折，从腐烂组织中溢出大量腐臭的菌液。

细菌性茎腐病发生在玉米生长中期，发病节位较高，易从病节折断。而由卵菌引起的腐霉茎腐病发生在玉米生长后期，腐烂发生在茎基部2~3节位，后期植株倒伏。

细菌性茎腐病菌均可植株病残体、种子上越冬，成为翌年病害发生的初侵染源。病菌通过风雨传播，从茎秆表面的气孔、水孔、伤口侵入，在一定条件下引起茎腐病。发病植株倒折，直接将病残体遗留在田间。

六、病毒病害

1. 玉米矮花叶病（Maize Dwarf Mosaic）

在我国主要病原为甘蔗花叶病毒（Sugarcane mosaic virus），局部地区存在白草花叶病毒（Penniserum mosaic virus），欧洲主要为玉米花叶病毒（Maize dwarf mosaic virus）。

甘蔗花叶病毒为无包膜的单链RNA病毒。粒子弯曲线状，大小为750nm×13nm。在寄主组织中可见病毒形成的风轮状、管状和卷叶状内含体。病毒不同株系的钝化温度为53~57℃，稀释限点为10^{-5}~10^{-3}，27℃下体外存活期为17~24h，紫外分光光度计下A_{260}/A_{280}比值为1.20。分离自中国玉米的甘蔗花叶病毒基因组全长为9 610个核苷酸，编码3 063个氨基酸组成的多聚蛋白。

白草花叶病毒为无包膜的单链RNA病毒。粒子略弯曲线状，长度为500~750nm。在寄主组织中形成风轮状、柱状、片层状等多种形状的内含体。病毒的体外钝化温度为53℃，稀释限点为10^{-2}，体外存活期为48h，紫外分光光度计下

A_{260}/A_{280}比值为1.6932。白草花叶病毒基因组全长为9 613个核音酸，编码306个氨基酸组成的多聚蛋白。

玉米被甘蔗花叶病毒侵染后，幼苗阶段即开始发病。首先在心叶下部的叶脉间出现褪绿，并逐渐扩展至全叶，在脉间形成大量的绿色、小岛状分布的斑点，形成典型的花叶症状，严重失绿叶片逐渐枯死；在不同玉米品种间叶片症状不同，有些表现为黄绿相间的条纹；发病早的植株生长矮小，无法正常抽雄和结实；若病害发生较晚，在秋季气候冷凉时，在叶片和苞叶上逐渐出现花叶及斑驳症状，顶部叶片花叶症状尤为明显，果穗较未发病株的瘦小。白草花叶病毒引发的症状与甘蔗花叶病毒相似，但叶片上的褪绿斑点更小而细密。在玉米品种间存在抗病性差异。

甘蔗花叶病毒在禾本科植物中有广泛的寄主，因此能够在不同的多年生禾本科植物上越冬而成为翌年最重要的初侵染源。同时，玉米种子也能够带毒而成为田间的发病中心。带毒种子形成的病株或由多种蚜虫传毒形成的病株为田间发病中心。由于玉米幼苗阶段是田间蚜虫活动的第一个高峰，蚜虫的刺吸取食和迁飞，使病毒在玉米幼苗间扩散。秋季，蚜虫将病毒传至其他禾本科植物上，从而病毒得以越冬。

2. 玉米粗缩病（Maize Rough Dwarf）

多种病毒引起玉米粗缩病，在我国为稻黑条矮缩病毒（Rice black-streaked dwarf virus）和南方稻黑条矮缩病毒（Southern rice black-streaked dwarf virus），在欧美主要为玉米粗缩病毒（Maize rough dwarf virus），而在阿根廷主要为夸尔托病毒（Mal de Río Cuarto virus）。

稻黑条矮缩病毒的粒子直径为70~75nm，为等轴二十面体、球形。病毒的钝化温度为50~60℃，稀释限点为10^{-6}~10^{-5}，体外存活期为5~6d。稻黑条矮缩病毒基因组全长为29 141个核苷酸。

南方稻黑条矮缩病毒的粒子直径为70~75nm，等轴二十面体结构，球形。南方稻黑条矮缩病毒基因组全长为29 123个核苷酸。

幼苗阶段是玉米粗缩病侵染的高峰。玉米5~6叶期明显显症。侵染初期，玉米幼嫩心叶基部叶脉出现透明褪绿条点，逐渐发展为长2~3mm的条斑，专业上称为"明脉"，后期在成熟叶片的叶脉上转化为断续、粗糙的白色突起（脉突），这种突起在叶鞘、果穗苞叶上也能够形成；病株由于茎节不能正常伸长，导致茎节短、叶鞘聚缩在一起，形成叶片叠加状，顶叶呈簇生状，叶变短、宽厚、色泽浓绿、质地脆；严重发病植株高不足 50cm，轻病株高也仅 100cm，茎秆粗壮，在苗期或乳熟期前全株枯死；病株根系发育不良，常呈黑色腐烂；多数病株不抽雄，不分化果穗，略轻的病株雄穗发育不良或无法形成有效小穗并缺少花粉，果穗畸形，结实很差；病株根系发育受阻形态短粗，根茎交界处纵裂，植株易拔出。玉米自交系或品种间存在抗病性差异（图 1-14）。

图 1-14 玉米粗缩病（杨代斌提供）

稻黑条矮缩病毒的主要传播媒介为灰飞虱，而南方稻黑条矮缩病毒的主要传播媒介为白背飞虱。病毒由传毒介体传至玉米幼苗上，引起一系列症状。病毒既不通过种子传播，也不通过病残体传播，只能通过昆虫介体在不同植物间传播，形成周年循环。以稻黑条矮缩病毒为例：在春季，麦田中越冬的灰飞虱将小麦植株上的病年作上的病毒传至玉米，并很快又将玉米上的病毒传至水稻及其他禾本科杂草上越夏，秋季水稻及禾本科杂草上的病毒又通过灰飞虱传至冬小麦幼苗上并越冬。如此构成灰飞風在小麦→玉来→水稻及禾本科杂草之间的迁飞，将病毒在这些植物间传播，构成周年循环。

七、线虫病害

玉米线虫矮化病（Maize nematode stunt disease）。

致病线虫为长岭发垫刃线虫（*Trichotylenchus changlingensis* n. comb.）雌虫体较长，圆筒状，体表有明显环纹，具3条侧线；唇区高，有明显缢缩和5～6条唇环；口针细长；中食道球卵圆形，食道腺长梨形，虫尾圆锥形至亚圆柱形，末端光滑无环纹。雄虫体略短于雄雌虫；交合刺发达，弧形，末端具环纹。

病株在苗期即表现异常，叶片上出现平行于叶脉的褪绿变黄或发白条带，有时叶片扭曲；从土中拔出幼苗，将茎组织基部的1～2层叶鞘剥除后，能够清晰看到有很小的变褐并轻微开裂的病斑；随着植株长大，叶片上的黄条纹逐渐明显，有的叶片或叶鞘边缘出现缺刻，茎基部组织在为害点形成开裂，似被害虫取食，但开裂组织基本可对合而非虫害取食形成的不规则缺失；至植株10～13叶时，病株因节间缩短明显矮于正常株，茎基部组织开裂，后期不能结实或果穗短小，籽粒瘦瘪。

长岭发垫刃线虫以卵、幼虫或成虫在土壤中存活并越冬，而卵成为翌年初侵染源。春季温湿度适宜时卵孵化，以二龄幼虫破壳进入土中，玉米播种萌芽后二龄幼虫从幼芽或胚轴侵入。该线虫为外寄生线虫，寄生于根或茎基部的表层中，在表层或靠近表皮根皮细胞上取食。随玉米生长，线虫不断繁殖。

第四节　玉米田主要杂草

1. 马唐（Hairy crabgrass）

学名：*Digitaria sanguinalis*（L.）Scop.

分类：禾本科；又名蹲倒驴。

1年生，秆直立或斜倚，高40～100cm，直径2～3mm。叶片线状或条状披针形，长5～15cm，宽3～10mm，基部圆形，边缘较厚，微粗糙，无毛或具柔毛。总状花序3～10枚，长5～18cm。指状排列或下部的近轮生；小穗椭圆状披针形，长3～3.5mm；第一颖微小，短三角形；第二颖披针形、长为小穗的1/2～3/4，边缘具纤毛；第一外稃具4～7脉，脉粗糙，脉间距离不匀；第二外稃灰绿色，近革质，边缘膜质，顶端渐尖，覆盖内稃。花果期6—9月。

2. 稗（Common barnyardgrass）

学名：*Echinochloa crusgalli*（L.）Beauv.

分类：禾本科；又名扁扁草。

1年生。秆斜升，高 50~150cm，光滑无毛，基部膝曲或倾斜。叶片扁平，条形，宽 5~20mm，无毛，边缘粗糙。圆锥花序下垂或直立，近不规则塔形；主轴具棱，粗糙；分枝上有时再有小分枝；小穗卵形，密集于穗轴的一侧；长 3~4mm，有硬疣毛；颖具 2~5 脉；第一外稃草质，具 5~7 脉，有长 5~30mm 的芒；第二外稃椭圆形，先端具有小尖头且粗糙，边缘卷抱内稃。花果期夏秋季。

3. 牛筋草（Goosegrass）

学名：*Eleusine indica*（L.）Gaertn.

分类：禾本科；又名蟋蟀草。

1年生草本。根系极发达，秆通常斜升，基部倾斜，高 15~90mm。叶舌长约 1mm；叶片平展，线形，长 10~15mm，宽 3~7m。穗状花序 2~7 枚指状着生于秆顶，少单生，其中 1 或 2 枚生于花序下方，长 3~10cm，宽 3~5mm，穗轴顶端生有小穗；小穗成两行排列，密集于穗轴的一侧，长 4~7mm，含 2~6 小花；第一颖具 1 脉；第二颖与外稃都有 3 脉。囊果卵形，长约 15mm，基都下凹。种子卵形，波状皱纹明显。花果期 6—10 月。

4. 狗尾草（Green foxtail）

学名：*Setaria viridis*（L.）Beauv.

分类：禾本科；又名谷莠子。

1年生。秆直立或基部膝曲，高 10~100cm。叶片扁平，条状披针形，先端渐尖，基部钝圆，长 4~30mm，宽 2~20mm，通常无毛或疏被疣毛，边缘粗糙。圆锥花序集成圆柱状，直立或稍弯垂，长 2~15cm，宽 4~13mm；小穗椭圆形，先端钝，长 2~2.5mm，2 至多枚簇生于缩短的分枝上；基部小枝刚毛状，2~6 条，成熟后与刚毛分离；第一颖卵形，长为小穗的 1/3；第二颖椭圆形，较小穗稍短或等长；第二外稃具细点状皱纹，成熟时背部稍隆起，边缘卷抱内稃，颖果灰白色。花果期 5—10 月。

5. 香附子（Nut grass）

学名：*Cyperus rotundus* L.

分类：莎草科；又名香附、香头草、梭梭草。

多年生草本。匍匐根状茎，具椭圆形块茎。秆散生，直立，高达 15~95cm，锐三棱形、平滑。叶基生，宽 2~6mm，平张；鞘常裂成纤维状，棕色。苞片 2~3，叶状，常长于花序；长侧枝聚伞花序简单或复出，有 3~10 个开展的辐射枝，最长达 12cm；小穗呈条形，斜展开，3~11 个排成伞形花序，长 1~3cm，宽 15mm；小穗轴具较宽的、白色透明的翅；鳞片紧密，膜质，2 列，矩圆卵形或卵形，长约 3mm，两侧紫红色，中间绿色，具 5~7 脉；雄蕊 3 枚，花药长；柱头 3 裂，细长。小坚果长圆状倒卵形，有三棱，长为鳞片的 1/3~2/5，具细点。

6. 问荆（Common horsetail）

学名：*Equisetum arvense* L.

分类：木贼科；又名接续草、公母草、搂接草、空心草、马蜂草、节节草、接骨草。

多年生草本。根茎黑棕。枝二型。可育枝黄棕色，无轮状分枝；鞘筒淡黄色或棕色，鞘齿 8~12 枚；孢子囊穗呈圆柱形，长 2~4cm。不育枝高约达 40cm，多轮生分枝，分枝指向斜向上方，与主枝多呈 30°~45°角。营养枝的侧枝长度多不足 10cm，有时较长；枝上有脊 5~15 条，背部弧形，有横纹，无硅质小瘤，无棱；鞘筒绿色，鞘齿 4~6 枚，宽卵状三角形或卵状，黑褐色，边缘膜质，宿存；侧枝中实，扁平状，柔软纤细，有 3~4 条脊，背部有横纹。

7. 鸭跖草（Asiatic dayflower）

学名：*Commelina communis* L.

分类：鸭跖草科；又名淡竹叶、竹叶菜、鸭趾草、挂梁青、鸭儿草、竹芹菜。

1 年生草本。茎部匍匐生根，多分枝，仅叶鞘及茎上部被毛，茎长可达约 1m。叶卵状披针形至披针形，长 2~9cm。佛焰苞状总苞片，有柄，1.5~4cm，与叶对生，折叠状，展开后心形，先端急尖，基部心形，长近 2cm，边缘常具硬毛；聚伞花序，长约 5mm；花瓣蓝色，内面 2 枚具爪，长近 1cm；雄蕊 6 枚，3 枚能育而长，3 枚退化于雄蕊顶端呈蝴蝶状，花丝几无毛。蒴果长 5~7mm，2 室，2 瓣裂，有种子 4 枚；种子椭圆形，长 2~3mm，棕黄色，具不规则窝孔。

8. 葎草（Japanese hop）

学名：*Humulus scandens*（Lour.）Merr.

分类：桑科；又名锯锯藤、拉拉藤、葛勒子秧、勒草、拉拉秧、割人藤、拉狗蛋。

1 年生或多年生缠绕草本。茎、枝、叶柄均具倒钩刺。叶对生，纸质，肾状五角形，长和宽 7~10cm，掌状，5~7 深裂稀为 3 裂，边缘具粗锯齿，表面具粗糙刺毛，背面有柔毛和黄色腺点；叶柄长 4~20cm。花单性，雌雄异株；雄花圆锥花序，黄绿色，花被片和雄蕊各 5 枚；雌花为圆形穗状花序，苞片纸质，三角形，具白色茸毛；子房为苞片包围，柱头 2 个，伸出苞片外。瘦果淡黄色，扁圆形。

9. 萹蓄（Common knotgrass）

学名：*Polygonun aviculare* L.

分类：蓼科；又名竹叶草、大蚂蚁草、扁竹。

1 年生草本。高 10~40cm。茎料上或匍匐，基部有棱角，分枝。叶互生。叶柄短或近无柄；叶片披针形或狭椭圆形，长 1.5~3.5cm，宽 5~11mm，端钝或尖，基部楔形，全缘，绿色；托叶鞘膜质，上部透明无色，下部褐色，具不明显脉纹。花 1~5 朵簇生于叶腋，遍布于全植株，花梗短；苞片及小苞片均为白色透明膜质。花被绿色，5 深裂，边缘谈红色或白色；雄蕊 8 枚；花丝短；子房长方形，花柱短，柱头 3 裂。瘦果卵形，黑褐色，有 3 棱，密被小点组成的细纹，无光泽。

10. 红蓼（Prince's feathe）

学名：*Polygomum orientale* L.

分类：蓼科；又名狗尾巴花、东方蓼、荭草、阔叶蓼、大红蓼、水红花、水红花子、荭蓼。

1 年生草本。高 2~3m。茎直立，粗壮，上部多分枝，密生长柔毛。叶具长柄；叶片宽卵形、宽椭圆形或卵状披针形，长 10~20cm，宽 6~12cm，先端渐尖，基部圆形或近心形，边缘全缘，疏生长毛；托叶鞘筒状，下部膜质，褐色，上部草质，绿色。花序圆锥状，顶生或腋生；苞片近宽卵形；花淡红色；花被 5 深裂，裂片椭圆形；雄蕊 7 枚，比花被长；花柱头状。瘦果近圆形，双凹，黑褐色，有光泽。

11. 藜（Lambsquarters）

学名：*Chenopodium album* L.

分类：藜科；又名灰条菜、灰藋。

1 年生草本。高 50~120cm。茎粗壮，直立，有紫红色或绿色条纹，多分枝；枝开展或上升。叶具长柄；叶片菱状卵形至披针形，长 2~6cm，宽 2.5~5.5cm，顶端微钝或急尖，基部宽楔形，边缘常有不规则的锯齿，下面生灰绿色粉粒。花两性，数个组成团伞花簇，多数花腋生或顶生，组成圆锥状花序；花被片 5 个，椭圆形或宽卵形，边缘膜质，先端微凹或钝；雄蕊 5 枚；柱头 2 裂。胞果顶端稍露或包于花被内，果皮薄，与种子紧贴；种子双凸镜形，横生，直径 1.2～1.5mm，光亮，表面有不明显的点洼及沟纹；胚环形。

12. 地肤（Burningbush）

学名：*Kochia scoparia*（L.）Schrad.

分类：藜科；又名扫帚菜、观音菜、孔雀松。

1 年生草本。高 50～100cm。根略呈纺锤形。茎直立，圆柱状，多分枝。分枝稀疏，斜上，淡绿色或带紫红色，稍有短柔毛。叶互生，披针形或条状披针形，长 2～5cm，宽 3～9mm，两面生短柔毛。花两性或雌性，通常 1～3 个生于上部叶腋，构成稀疏的穗状花序；花被片 5 个，基部合生，果期翅端附属物三角形至倒卵形；雄蕊 5 枚；花丝丝状，花药淡黄色；柱头 2 裂，丝状，紫褐色，花柱极短。胞果扁球形，果皮膜质，与种子离生。种子横生，扁平。

13. 反枝苋（Red-root amaranth）

学名：*Amaranthus retroflexus* L.

分类：苋科；又名西风谷、苋菜。

1 年生草本。高 20～80cm。茎直立，粗壮，淡绿色，稍具钝棱，密生短柔毛。叶菱状卵形或椭圆形，淡绿色，长 5～12cm，宽 2～5cm，顶端锐尖或微凸，具小芒尖，基部楔形，全缘或波状缘，两面和边缘具柔毛。花单性或杂性，顶生或腋生圆锥花序；苞片及小苞片钻形，干膜质，花被片白色，薄膜质，具一淡绿色细中脉；雄蕊比花被片稍长；柱头 3 裂。胞果扁球形，小，淡绿色，环状横裂，包裹在宿存花被片内。种子近球形，棕色或黑色，边缘钝。

14. 马齿苋（Common purslance）

学名：*Portulaca oleracea* L.

分类：马齿苋科；又名马齿菜、五行菜。

1 年生草本。茎平卧，伏地铺散，多分枝，圆柱形，肉质，无毛，带紫色。叶互生，有时近对生，叶片扁平，肥厚，楔状矩圆形或倒卵形，长 10～30mm，宽 6～15mm。花 3～5 朵簇生枝端，直径 3～5mm，无梗；苞片 4～5 个，叶状，膜质；萼片 2 个；花瓣 5 个，对生，黄色；子房半下位，1 室；柱头 4～6 裂，线形。蒴果卵球形，盖裂。种子细小，多数，肾状卵形，直径不及 1mm，黑褐色，有小疣状突起。

15. 繁缕 （Chickweed）

学名：*Stellaria media* （L.） Cyr.

分类：石竹科；又名鹅耳伸筋、鸡儿肠。

1 年生或 2 年生草本。高 10 ~ 30cm。茎俯仰或上升，基部大多少分枝，被 1 ~ 2 列毛，常带淡紫红色。叶片宽卵形或卵形，长 1.5 ~ 2.5cm，宽 1 ~ 1.5cm，顶端渐尖或急尖，基部渐狭或近心形，全缘；基生叶具长柄，上部叶常无柄或具短柄。疏聚伞花序顶生；花梗细弱；萼片 5 个，卵状披针形，顶端稍钝或近圆形，边缘宽膜质，外面被短腺毛；花瓣 5 个，白色，长椭圆形，较萼片短，深 2 裂达基部，裂片近线形；雄蕊 3 ~ 5 枚，短于花瓣；花柱 3 个，线形。蒴果卵形，稍长于宿存萼，顶端 6 裂，具多数种子。种子卵圆形至近圆形。

16. 蒺藜 （Puncture vine）

学名：*Tribulus terrestris* L.

分类：蒺藜科；又名白蒺藜、蒺藜狗。

1 年生草本。全株密被灰白色柔毛。平卧茎，枝长 20 ~ 60cm，表面有纵纹。偶数羽状复叶，对生；小叶成对排列，3 ~ 8 对，具短柄或几无柄，矩圆形或斜短圆形，长 5 ~ 10mm，宽 2 ~ 5mm，先端短尖或急尖，基部常偏斜，被细柔毛，全缘。花单生于叶腋间，花梗丝状，短于叶；萼片 5 个，卵状披针形，边缘膜质透明；花瓣 5 个，黄色；雄蕊 10 枚；柱头 5 裂，线形。果硬，五角形，有分果瓣 5 个，中部边缘、下部边缘常有细短刺各 2 枚。

17. 铁苋菜 （Asian copperleaf）

学名：*Acalypha australis* L.

分类：大戟科；又名狗蛤蜊花、海蚌含珠。

1 年生草本。高 20 ~ 50cm，被柔毛，毛逐渐稀疏。叶互生，薄纸质，长卵形、卵状菱形或阔披针形，长 2.5 ~ 8cm，宽 1 ~ 5cm，边缘具圆锯齿，两面被稀疏柔毛或无毛；具叶柄和托叶。花序腋生或顶生，雌雄同序，无花瓣；雌花苞 1 ~ 4 枚，开展时肾形，花后增大，边缘具齿，苞腋具雌花 1 ~ 3 朵；雄花多数生于花序上部，排列呈穗状或头状，雄蕊 8 枚，花药长圆筒形，弯曲。蒴果小，钝三棱状，具 3 个分果片。种子近卵状。

18. 地锦 （Sprawling spurge）

学名：*Euphorbia humifusa* Willd. ex Schlecht.

分类：大戟科；又名爬墙虎、地锦草、爬山虎。

1年生草质藤本，借卷须分枝端的黏性吸盘攀援。茎基部常红色或淡红色，长达20~30cm，直径1~3mm，被柔毛或疏柔毛。叶对生，矩圆形或椭圆形，长5~10mm，宽3~6mm，先端钝圆，基部偏斜，边缘常于中部以上具细锯齿，两面被疏柔毛；叶柄极短。花序单生于叶腋，总苞陀螺状，边缘4裂，裂片三角形。雄花数枚，近与总苞边缘等长；雌花1枚，子房柄伸出至总苞边缘；子房三棱状卵形；花柱3个，分离，柱头2裂。蒴果三棱状卵球形，长约2mm，成熟时分裂为3个分果爿。种子三棱状卵球形，灰色。

19. 苘麻（Velvet leaf）

学名：*Abutilon theophrastii* Medic.

分类：锦葵科；又名车轮草、磨盘草。

1年生草本。高0.3~2m，全株密生柔毛。叶互生，圆心形，直径5~18cm，两面密生星状柔毛，先端长渐尖，基部心形，边缘具粗锯齿；叶脉掌状；叶柄长。花单生于叶腋，花梗长1~3cm，近端处有节；花萼杯状，5裂；花瓣5个，黄色，倒卵形，基部与雄蕊筒合生；单体雄蕊；心皮15~20个，环列成轮状，密被软毛，先端突出如芒。蒴果半球形，直径2cm，分果爿15~20个，有粗毛，顶端具2长芒。种子肾形，褐色，被星状柔毛。

20. 圆叶牵牛（Commor moring glory）

学名：*Ipomoea purpurea*（L.）Roth

分类：旋花科；又名紫花牵牛、心叶牵牛。

1年生草本藤本，全株被粗长硬毛。茎缠绕，多分枝。叶互生，基部圆、心形，顶端锐尖、骤尖或渐尖，长5~12cm，具掌状脉；叶柄长4~9cm。花腋生，花序有花2~5朵，聚伞花序，总花梗与叶柄近等长，小花梗伞形排列，结果时上部膨大；苞片2个，条形；萼片5个，近等长，卵状披针形，长1.2~1.6cm，顶端钝尖，基部有粗硬毛；花冠漏斗状，紫红色、淡红色或白色，长4~6cm，顶端5浅裂；雄蕊5枚，不等长，花丝基部被柔毛；子房3室，每室2胚珠，柱头头状，3裂。蒴果近球形。种子卵圆形，黑褐色或米黄色，被极短毛。

21. 打碗花（Japanese false bindweed）

学名：*Calystegia hederacea* Wall.

分类：旋花科；又名狗耳丸、喇叭花。

1年生草本，光滑，不被毛。茎平卧，缠绕或匍匐分枝，有细棱。叶互生，具长柄，基部叶全缘，戟形，长2.0~4.5cm，宽1~3cm；茎上部叶片3裂，侧裂片开展，通常2裂，侧裂片近三角形，中裂片长圆状披针形或卵状三角形，顶端钝尖，基部心形或戟形。花单生于叶腋，花梗具细棱，长2.5~5.5cm；苞片2个，宽卵形或卵圆形，顶端钝或锐尖至渐尖，长0.8~1cm，包住花萼，宿存；萼片5个，长圆形，稍短于苞片，顶端钝，具小尖凸；花冠漏斗状，紫色或淡红色，长2~4cm；雄蕊5枚，基部膨大，有小鳞毛；子房2室，柱头2裂。蒴果卵球形，光滑，长约1cm。种子卵圆形，黑褐色。

22. 龙葵（European black nightshade）

学名：*Solanum nigrum* L.

分类：茄科；又名黑天天、天茄菜。

1年生直立草本。茎高30~100cm，直立，无棱或棱不明显，紫色或绿色，多分枝。叶卵形，长2.5~10cm，宽1.0~5.5cm，先端短尖，全缘或有不规则的波状粗齿，两面光滑或被疏短柔毛；叶柄长1~2cm。蝎尾状花序腋外生，由3~10朵花组成，总花梗长1~2.5cm；花梗长约5mm；花萼浅杯状，直径15~2mm，先端圆；花冠白色，辐射状，裂片卵圆形，筒部隐于萼内，长约2mm；雄蕊5枚，花丝短，花药黄色；子房卵形，花柱中部以下被白色茸毛。浆果球形，直径约8mm，熟时黑色。种子近卵形，多数，两侧压扁。

23. 车前（Asiatic Plantain）

学名：*Plantago asiatica* L.

分类：车前科；又名车轱辘菜、蛤蟆叶。

2年生或多年生草本。高20~60cm，多须根。根、茎短。叶基生，平卧、斜展或直立；卵形或宽椭圆形，长4~12cm，宽3~9cm，先端圆钝，边缘近波状，全缘或有疏钝齿至裂齿，两面无毛或疏生短柔毛。穗状花序细圆柱状，占上端1/3~1/2处，长3~40cm；花绿白色，疏生；苞片狭卵状三角形；萼片先端钝圆或钝尖，前对萼片椭圆形，后对萼片宽倒卵形；花冠白色，裂片披针形，长1.5mm。蒴果椭圆形或纺锤状卵形，长约4mm，周裂。种子5~6个，稀7~10个，矩圆形，长1.5~2mm，黑褐色至黑色。

24. 苍耳（Siberian cocklebur）

学名：*Xanthium sibiricum* Patrin ex Widder

分类：菊科；又名老苍子、苍耳子。

1年生草本。高可达1m。根纺锤状。茎直立，下部圆柱形，被灰白色糙伏毛。叶卵状三角形或心形，长4~10cm，宽5~10cm，近全缘，顶端尖或钝，基部浅心形至截形，边缘有不规则锯齿或有不明显的 3~5 浅裂，被贴生糙伏毛；叶柄长 3.5~11cm，密被柔毛。雄花为头状花序球形，有或无花序梗，总苞片长约 1mm，生短柔毛，花冠钟形，花药线形；雌花为头状花序椭圆形，外总苞片披针形，被短柔毛，内总苞片囊状。瘦果 2 个，倒卵形。

25. 刺儿菜（Bristly thistle）

学名：*Cirsium setosum*（Willd.）MB.

分类：菊科；又名青青草、蓟蓟草。

多年生草本。茎高 30~80cm，直立，基部直径约 4mm，有时可粗达 10mm，有分枝。基生叶和茎生叶长椭圆形或椭圆状倒披针形，顶端圆形或钝，基部楔形，长 6~15cm，宽 2~10cm，有时叶柄极短，常无叶柄；茎上部叶披针形或线状披针形，叶缘有密针刺，或叶缘有刺齿，或羽状浅裂，或边缘有粗锯齿。叶两面几同色，绿色或背面色浅，无毛；背面极少被灰色稀疏或稠密茸毛的，亦极少灰绿色，被薄茸毛。头状花序单生，或在茎枝顶端排成伞房花序；总苞卵形或卵圆形，直径约 2cm；总苞片约 6 层，覆瓦状排列；小花白色或紫红色，雄花花冠长约 2.4cm。瘦果椭圆形，长 3mm，宽 1.5mm，淡黄色，扁平；冠毛多层，白色，羽毛状，顶端渐细。

26. 鳢肠（False daisy）

学名：*Eclipta prostrata*（L.）L.

分类：菊科；又名唐本草。

1 年生草本。茎直立或平卧，高达 15~60cm，被伏毛。叶披针形或长圆状披针形，长 3~10cm，宽 0.5~2.5cm，顶端尖或渐尖，全缘或有细锯齿，无柄或有极短的柄。头状花序直径 8mm，有细花序梗；总苞球状钟形；总苞片绿色，草质，5~6 枚排成 2 层，长圆状披针形，被毛；外围的雌花 2 层，花冠舌状，中央的两性花多数，花冠筒状；花柱有乳头状突起。瘦果暗褐色，长约 2.8mm，雌花的瘦果 3 棱形，两性花的瘦果扁 4 棱形，顶端近截形，具 1~3 个细齿，表面具瘤状突起，无毛。

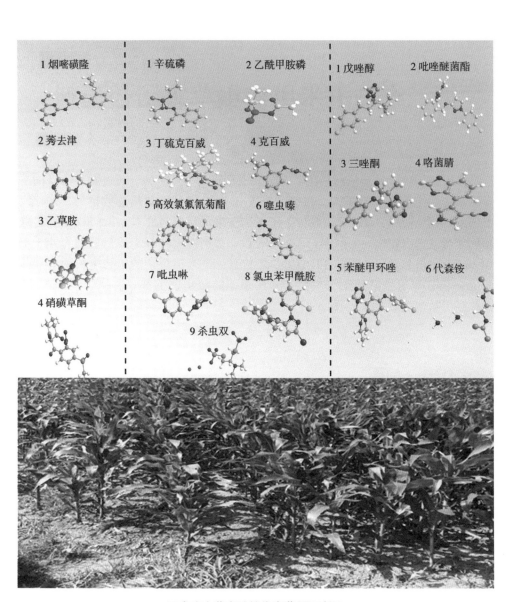

1 烟嘧磺隆

2 莠去津

3 乙草胺

4 硝磺草酮

1 辛硫磷

2 乙酰甲胺磷

3 丁硫克百威

4 克百威

5 高效氯氟氰菊酯

6 噻虫嗪

7 吡虫啉

8 氯虫苯甲酰胺

9 杀虫双

1 戊唑醇

2 吡唑醚菌酯

3 三唑酮

4 咯菌腈

5 苯醚甲环唑

6 代森铵

玉米病虫草害防控代表药剂示意图

第二章　玉米田病虫草害防控药剂

现阶段，喷施农药依然是防治玉米病虫草害的主要措施。通过农药信息网玉米田农药登记信息分析可知，目前登记在玉米作物上的制剂总数量为2 554个，单剂1 434个，混剂1 120个。其中，玉米田登记的除草剂最多，共1 866个，占总登记数量的73.06%；玉米田登记杀虫剂和杀菌剂次之，登记数量分别为435个和203个，占总登记数量的17.03%和7.95%；玉米田登记的植物生长调节剂共49个，占总登记数量的1.92%；玉米田登记的植物诱抗剂只有一个制剂产品，占总登记数量的0.04%（图2-1）。

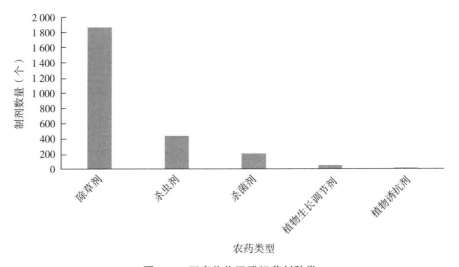

图2-1　玉米作物已登记药剂种类

从登记剂型种类来看，目前登记在玉米田上的剂型共30种，登记最多的是可分散油悬浮剂（730个），占总制剂数量的28.58%；其次是悬浮剂（368个）、乳油（362 个），悬浮种衣剂（247）、悬乳剂（222 个）和可湿性粉剂（193 个），分别占总制剂数量的 14.41%、14.17%、9.67%、8.69% 和 7.56%。从施药方式来看，主要分为茎叶喷雾、种子处理、撒施、喷粉和熏蒸 5 种施药方式，其中，茎叶喷雾是最主要的施药方式，占总施药方式的 84.46%，其次是种子处理的施药方式，占总施药方式的 13.09%，以撒施颗粒剂为主的施药方式占总施药方式的 2.39%，而喷粉和熏蒸的施药方式分别都只有一个产品登记，均占总施药方式的 0.04%（表 2-1）。

表 2-1 登记在玉米田使用的制剂剂型和施药方式

序号	施药方式	剂型	数量	剂型占比（%）	施药方式占比（%）
1	茎叶喷雾	可分散油悬浮剂	730	28.58	84.46
2		悬浮剂	368	14.41	
3		乳油	362	14.17	
4		悬乳剂	222	8.69	
5		可湿性粉剂	193	7.56	
6		水剂	108	4.23	
7		水分散粒剂	104	4.07	
8		可溶粉剂	30	1.17	
9		水乳剂	18	0.70	
10		微乳剂	7	0.27	
11		微囊悬浮-悬浮剂	5	0.20	
12		微囊悬浮剂	4	0.16	
13		油悬浮剂	3	0.12	
14		超低容量液剂	1	0.04	
15		粉剂	1	0.04	
16		泡腾粒剂	1	0.04	

（续表）

序号	施药方式	剂型	数量	剂型占比（%）	施药方式占比（%）
17	种子处理	悬浮种衣剂	247	9.67	13.08
18		种子处理可分散粉剂	33	1.29	
19		种子处理悬浮剂	33	1.29	
20		湿拌种剂	7	0.27	
21		种衣剂	3	0.12	
22		种子处理微囊悬浮剂	3	0.12	
23		种子处理微囊悬浮-悬浮剂	3	0.12	
24		种子处理干粉剂	2	0.08	
25		干粉种衣剂	1	0.04	
26		水乳种衣剂	1	0.04	
27		种子处理乳剂	1	0.04	
28	撒施	颗粒剂	61	2.39	2.39
29	喷粉	粉剂	1	0.04	0.04
30	熏蒸	缓释剂	1	0.04	0.04

第一节　除草剂在玉米上的登记

目前，已登记用于玉米田的除草剂产品共1 866个，其中登记数量最多的有效成分是烟嘧磺隆（240个）、莠去津（170个）、乙草胺（159个）、硝磺草酮（133个）（图2-2，表2-2）。除草剂二元复配以烟嘧磺隆+莠去津最多（167个），莠去津+硝磺草酮登记信息次之（126个），登记剂型均以可分散油悬浮剂为主，烟嘧·莠去津（129个）和硝磺·莠去津（114个）也主要以可分散油悬浮剂为主，具体登记情况见表2-3。除草剂三元复配主要以烟嘧磺隆+莠去津+硝磺草酮可分散油悬浮剂最多（80个），具体登记情况见表2-4。

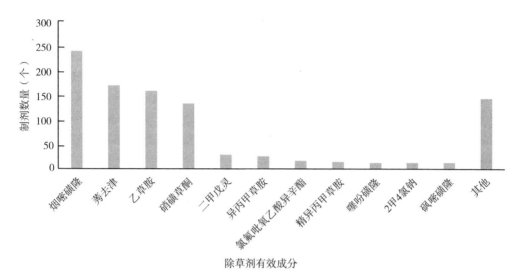

图 2-2 玉米作物上已登记的主要除草剂种类

表 2-2 玉米田除草剂主要单剂的登记情况

除草剂名称	登记剂型	登记数量	合计
烟嘧磺隆	可分散油悬浮剂	211	240
	水分散粒剂	18	
	可湿性粉剂	6	
	悬浮剂	5	
莠去津	悬浮剂	94	170
	水分散粒剂	35	
	可湿性粉剂	34	
	可分散油悬浮剂	7	
乙草胺	乳油	147	159
	水乳剂	8	
	微乳剂	3	
	微囊悬浮剂	1	

（续表）

除草剂名称	登记剂型	登记数量	合计
硝磺草酮	悬浮剂	88	133
	可分散油悬浮剂	41	
	水分散粒剂	3	
	泡腾粒剂	1	
二甲戊灵	乳油	29	29
异丙甲草胺	乳油	25	26
	微乳剂	1	
氯氟吡氧乙酸异辛酯	乳油	17	17
精异丙甲草胺	乳油	14	15
	微囊悬浮剂	1	
噻吩磺隆	可湿性粉剂	10	13
	水分散粒剂	3	
2甲4氯钠	可溶粉剂	13	13
砜嘧磺隆	水分散粒剂	9	12
	可分散油悬浮剂	3	
其他	—	—	144

表2-3 玉米田除草剂二元混剂登记情况

组分1	组分2	登记数量
烟嘧磺隆	莠去津	167
	硝磺草酮	10
	滴辛酯	6
	噻吩磺隆	2
	特丁津	2
	氨唑草酮	2
	氯吡嘧磺隆	1
	砜嘧磺隆	1

（续表）

组分1	组分2	登记数量
莠去津	硝磺草酮	126
	乙草胺	42
	异丙甲草胺	13
	砜嘧磺隆	4
	苯唑草酮	3
	异噁唑草酮	2
	唑嘧磺草胺	1
砜嘧磺隆	噻吩磺隆	2
	硝磺草酮	1
乙草胺	嗪草酮	11
双氟磺草胺	氯氟吡氧乙酸	1

表2-4 玉米田除草剂三元混剂登记情况

组分1	组分2	组分3	合计
烟嘧磺隆	莠去津	硝磺草酮	80
		氯氟吡氧乙酸	32
		辛酰溴苯腈	13
		异丙甲草胺	6
		2，4-滴异辛酯	6
		丁草胺	5
		乙草胺	3
		嗪草酸甲酯	2
		2甲4氯	2
		二氯吡啶酸	1
		唑嘧磺草胺	1
莠去津	硝磺草酮	乙草胺	14
		异丙甲草胺	5
		丁草胺	2
		异噁唑草酮	1
		2甲4氯	1

（续表）

组分1	组分2	组分3	合计
莠去津	乙草胺	滴辛酯	27
		甲草胺	15
		2甲4氯	4
		丁草胺	3
		唑嘧磺草胺	2
2，4-滴异辛酯	乙草胺	嗪草酮	4
		噻吩磺隆	2
		异噁唑草酮	1
氯氟吡氧乙酸	烟嘧磺隆	麦草畏	3
		硝磺草酮	1
氯氟吡氧乙酸	莠去津	硝磺草酮	1
氯吡嘧磺隆	烟嘧磺隆	硝磺草酮	1

1. 烟嘧磺隆（nicosulfuron）

烟嘧磺隆的化学式为 $C_{15}H_{18}N_6O_6S$，是一种磺酰脲类除草剂，纯品为无色晶体。

结构式：

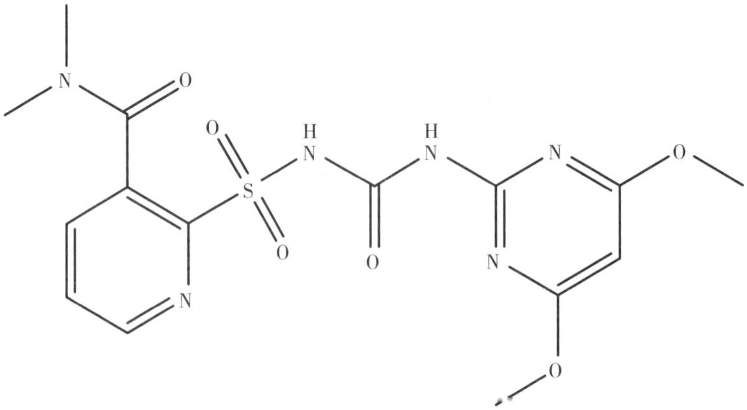

除草机理：在玉米的 3~4 叶期施用烟嘧磺隆后，可被杂草的根和茎叶迅速吸收，然后经由传输组织进入到杂草的木质部和韧皮部，从而可以达到抑制杂草体内乙酰乳酸合成酶的作用，进而可阻止支链氨基酸的合成，致使杂草的细胞停止分裂。

防治对象：玉米田中一年以及多年生的禾本科杂草、部分阔叶杂草，对狗尾草、稗草和反枝苋的效果好（表 2-5）。

表 2-5　烟嘧磺隆在玉米作物上的登记种类及使用

农药名称	用药量（制剂量/亩＊）	施用方式
4.2% 烟嘧磺隆可分散油悬浮剂	70~100mL/亩	茎叶喷雾
8% 烟嘧磺隆可分散油悬浮剂	35~50mL/亩	茎叶喷雾
10% 烟嘧磺隆可分散油悬浮剂	30~50mL/亩	茎叶喷雾
20% 烟嘧磺隆可分散油悬浮剂	15~20mL/亩	茎叶喷雾
40g/L 烟嘧磺隆可分散油悬浮剂	70~100mL/亩	茎叶喷雾
40g/L 烟嘧磺隆悬浮剂	70~100mL/亩	茎叶喷雾
60g/L 烟嘧磺隆可分散油悬浮剂	50~65mL/亩	茎叶喷雾
75% 烟嘧磺隆水分散粒剂	4.5~5.5g/亩	茎叶喷雾
80% 烟嘧磺隆可湿性粉剂	4~5g/亩	茎叶喷雾

注意事项：

（1）作物对象玉米为马齿型和硬玉米品种。甜玉米、爆裂玉米、制种田玉米、自留玉米种子不宜使用。初次使用的玉米种子，需经安全性试验确认安全后，方可使用。

（2）不要和有机磷杀虫剂混用，或使用本剂前后 7d 内，不要使用有机磷杀虫剂，以免发生药害。施药数日后，有时会出现作物褪色或抑制生长的情况，但不会影响作物的生长和收获。

（3）此药剂用在玉米以外的作物上会产生药害，施药时不要把药液洒到或流入周围的其他作物田里。

（4）施药后一周内培土会影响除草效果。

＊　1 亩≈666.7m² 。全书同。

（5）施药后遇雨会影响除草效果，但如施药 6h 后遇降雨，不影响效果，无需重新喷药。

（6）遇特殊条件，如高温干旱、低温泥泞、玉米生长弱小时，请慎用。初次使用本剂，需在当地植保部门指导下使用。

（7）严禁用弥雾机施药，施药应选择在早上或傍晚凉爽时间进行。

（8）如在上茬小麦田中使用过长残效除草剂，如甲磺隆、氯磺隆等的玉米田，不宜使用本品。施药时应戴口罩、手套、穿防护服、严禁吸烟和饮食，不得迎风施药，避免身体直接接触药液。施药后用肥皂和清水清洗裸露的皮肤和衣服。施药用具用毕后，将药桶、喷头、管子等充分洗净，以避免使用其他农药时出现药害。勿在池塘内清洗施药器具，赤眼蜂等天敌放飞区禁用。

（9）严格按照标签内容及技术资料使用本剂。

2. 莠去津（atrazine）

莠去津的化学式为 $C_8H_{14}ClN_5$，是一种均三氮苯类除草剂，纯品为白色粉末状固体。

结构式：

除草机理：莠去津作用于光合系统 Ⅱ 上的电子传递链，使正常的电子传递链无法正常进行，导致细胞膜破坏，使杂草枯死。具体机制为，莠去津分子竞争性占据光系统 Ⅱ 核心蛋白 D1 亚单位上 QB、（质醌）的天然配体，使 QB 失去传递电子的能力，切断电子传递 QA-Fe-QB-PQ、（PQ 为光系统 Ⅱ 和光系统 Ⅰ 重要的载体，它既能传递电子也能传递质子），这样光系统之间电子传递无法进行，植物无法进行正常的光合作用而死亡。

防治对象：主要用于防除玉米田中的稗草、苍耳、藜、马唐、苋、豚草属等一年生禾本科杂草和阔叶杂草（表2-6）。

表2-6　莠去津在玉米作物上的登记种类及使用

农药名称	用药量（制剂量/亩）	施用方式
20%莠去津悬浮剂	80~90mL/亩	茎叶喷雾
38%莠去津悬浮剂	240~400mL/亩	土壤喷雾
45%莠去津悬浮剂	150~200mL/亩	土壤喷雾
500g/L莠去津悬浮剂	150~200mL/亩	土壤喷雾
50%莠去津悬浮剂	200~300mL/亩	土壤喷雾
55%莠去津悬浮剂	190~270mL/亩	土壤喷雾
60%莠去津悬浮剂	100~250mL/亩	土壤喷雾
25%莠去津可分散油悬浮剂	160~200mL/亩	茎叶喷雾
90%莠去津水分散粒剂	90~130g/亩	土壤喷雾
50%莠去津可分散油悬浮剂	200~250mL/亩	茎叶喷雾
48%莠去津可湿性粉剂	150~200g/亩	土壤喷雾
80%莠去津可湿性粉剂	100~125g/亩	土壤喷雾

注意事项：

（1）每季最多使用1次。

（2）与豆类作物间作或套种的玉米田，不宜使用本品。

（3）本品用做播后苗前土表处理时，要求施药前整地要平，土块要细。

（4）桃树对本品敏感，不宜在桃园使用。

（5）本品对鱼类等水生生物有毒，禁止在河塘等水体中清洗施药器具，远离水产养殖区、河塘等水体施药。地下水饮用水水源地禁用。

（6）使用本品时应穿防护服，戴口罩和手套，避免吸入药液。施药后应及时用肥皂彻底洗手和洗脸。

（7）用过的容器应妥善处理，不可挪作他用，也不可随意丢弃。所有施药器具，用后立即用清水或适当的洗涤剂清洗。

（8）避免孕妇及哺乳期妇女接触。

3. 乙草胺（acetochlor）

乙草胺的化学式为 $C_{14}H_{20}ClNO_2$，是一种广泛应用的除草剂，纯品为淡黄色液体，原药因含有杂质而呈现深红色。

结构式：

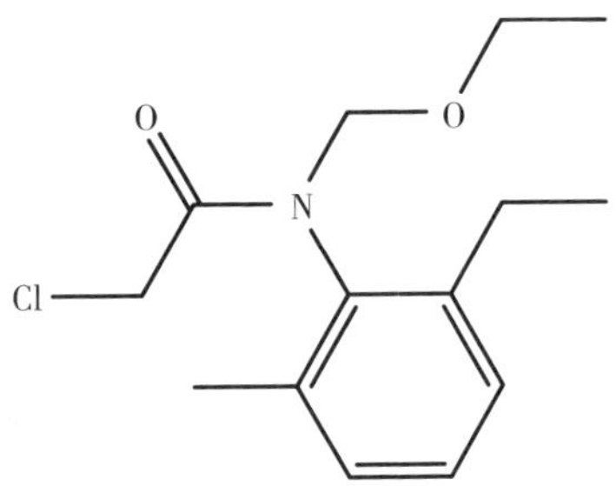

除草机理：其作用机理是通过单子叶植物的胚芽鞘或双子叶植物的下胚轴吸收，吸收后向上传导，主要通过阻碍蛋白质的合成而抑制细胞生长，使杂草幼芽、幼根停止生长，进而死亡。

防治对象：乙草胺是选择性芽前处理除草剂，可用于防治一年生禾本科杂草和部分小粒种子的阔叶杂草，对禾本科杂草高效，对部分阔叶杂草也有一定效果（表2-7）。

表2-7　乙草胺在玉米作物上的登记种类及使用

农药名称	用药量（制剂量/亩）	施用方式
50%乙草胺乳油	100~250mL/亩	土壤喷雾
89%乙草胺乳油	80~130mL/亩	土壤喷雾
81.5%乙草胺乳油	100~120mL/亩	土壤喷雾
90%乙草胺乳油	80~100mL/亩	土壤喷雾
900g/L乙草胺乳油	80~140mL/亩	土壤喷雾
90.5%乙草胺乳油	100~130mL/亩	土壤喷雾
990g/L乙草胺乳油	100~130mL/亩	土壤喷雾
40%乙草胺水乳剂	150~200mL/亩	土壤喷雾

（续表）

农药名称	用药量（制剂量/亩）	施用方式
48%乙草胺水乳剂	150～200mL/亩	土壤喷雾
50%乙草胺水乳剂	120～250mL/亩	土壤喷雾
900g/L乙草胺水乳剂	100～140mL/亩	土壤喷雾
50%乙草胺微乳剂	120～150mL/亩	土壤喷雾
25%乙草胺微囊悬浮剂	300～400mL/亩	土壤喷雾

注意事项：

（1）每季最多使用1次。

（2）施药后请立即清洗喷雾器，本品、废液不能排入河流、池塘等水源，废弃物要妥善处理，不能乱丢乱放，也不能做他用。

（3）施药时须穿防护服、戴眼镜、手套等；施药时，不能吃东西、吸烟、饮水等。

（4）施药后彻底清洗裸露部位。黄瓜、水稻、菠菜、小麦、韭菜、谷子、高粱等作物对乙草胺敏感，不宜使用。避免孕妇及哺乳期的妇女接触。

4. 硝磺草酮（mesotrione）

硝磺草酮是一种有机化合物，分子式为 $C_{14}H_{13}NO_7S$，其外观为淡茶色至沙色不透明固体。

结构式：

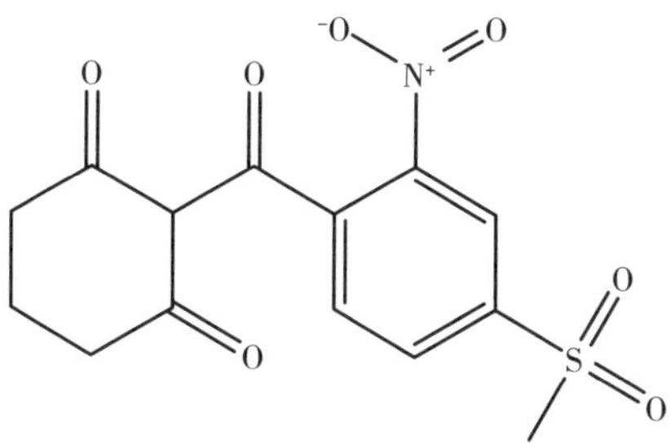

除草机理：硝磺草酮是一种能够抑制杂草体内羟基苯基丙酮酸酯双氧化酶

（HPPD）的苗前、苗后广谱选择性除草剂，容易在植物的木质部与韧皮部传导，具有触杀作用，可有效防治大多数阔叶杂草和部分禾本科杂草，具有除草活性高、可混性及环境相容性强、杀草谱广的优良特性。

防治对象：主要防治对象为玉米田一年生阔叶杂草和部分禾本科杂草，如苘麻、苋菜、藜、蓼、稗草、马唐等（表2-8）。

表2-8 硝磺草酮在玉米作物上的登记种类及使用

农药名称	用药量（制剂量/亩）	施用方式
9%硝磺草酮悬浮剂	70~100mL/亩	茎叶喷雾
10%硝磺草酮悬浮剂	100~130mL/亩	茎叶喷雾
15%硝磺草酮悬浮剂	50~65mL/亩	茎叶喷雾
20%硝磺草酮悬浮剂	50~65mL/亩	茎叶喷雾
25%硝磺草酮悬浮剂	34~40mL/亩	茎叶喷雾
40%硝磺草酮悬浮剂	20~25mL/亩	茎叶喷雾
10%硝磺草酮可分散油悬浮剂	100~150mL/亩	茎叶喷雾
15%硝磺草酮可分散油悬浮剂	46.7~66.7mL/亩	茎叶喷雾
20%硝磺草酮可分散油悬浮剂	40~60mL/亩	茎叶喷雾
25%硝磺草酮可分散油悬浮剂	30~40mL/亩	茎叶喷雾
30%硝磺草酮可分散油悬浮剂	33~40mL/亩	茎叶喷雾
75%硝磺草酮水分散粒剂	15~20g/亩	茎叶喷雾
12%硝磺草酮泡腾粒剂	60~100g/亩	茎叶喷雾

注意事项：

（1）请按照农药安全使用准则使用本品。避免药液接触皮肤、眼睛和污染衣物，避免吸入药液。切勿在施药期间饮水、进食、抽烟。施药后立即洗手洗脸。

（2）配药和施药时，应戴防渗手套，戴面罩，穿长袖衣、长裤和靴子。

（3）施药后，应彻底清洗防护用具，洗澡，并更换和清洗工作服。

（4）使用过的空包装，妥善处理，切勿重复使用或改作其他用途。所有施药器具，用后应立即用清水或适当的洗涤剂清洗干净。禁止在河塘等水体清洗施药器具。

（5）切勿将制剂及其废液弃于池塘、河溪和湖泊等，以免污染水源。

（6）未用完的制剂应放在原包装内密封保存，切勿将本品置于饮食容器内。

（7）避免孕妇及哺乳期的妇女接触。严格按照推荐方法使用、操作和贮藏。使用时应接受当地农业技术部门指导。

第二节　杀虫剂在玉米上的登记

截止到 2020 年 12 月 25 日，中国农药信息网上玉米田杀虫剂单剂登记信息共有 333 个由于 PD20097214，除草剂登记为杀虫剂，实际玉米田杀虫剂登记信息为 332 个，主要包括有机磷类（96 个）和新烟碱类（77 个）等，如图 2-3 所示。有机磷类杀虫剂以辛硫磷（66 个）和乙酰甲胺磷（14 个）为主，其主要登记剂型为颗粒剂（40 个）和乳油（25 个）；新烟碱类中以噻虫嗪（53 个）和吡虫啉（22 个）种子处理剂的登记为主；生物农药以苏云金杆菌（74 个）登记信

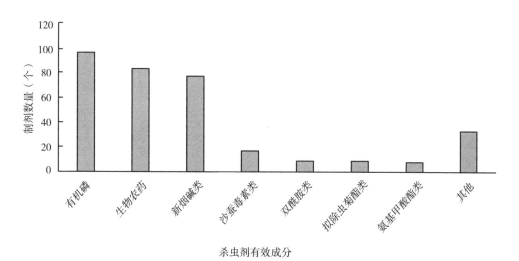

图 2-3　玉米作物上登记的主要杀虫剂种类

息最多。具体详见本节后附表 2-1。杀虫剂混剂登记信息累计有 112 个，其中杀虫剂复配的登记信息有 25 个，可以喷雾，撒施和种子处理进行害虫防治（见本节后附表 2-2）。杀虫剂杀菌剂复配登记信息有 87 个，主要以种子处理的方式进行病虫害防治，具体杀虫剂的登记情况见本节后附表 2-3。玉米螟、蛴螬、飞虱（灰飞虱和稻飞虱）、蚜虫、金针虫、小地老虎、地老虎、二点委夜蛾、黏虫、蝼蛄等是杀虫剂登记最多的防治对象（表 2-9）。

表 2-9　防治玉米虫害的登记药剂

序号	防治对象	登记药剂数量	登记药剂
1	玉米螟	186	5%阿维菌素水乳剂、50%除脲·高氯氟悬浮剂、20%哒嗪硫磷乳油、80%氟苯·杀虫单可湿性粉剂、10%氟苯虫酰胺悬浮剂、20%氟苯虫酰胺悬浮剂、20%福·克悬浮种衣剂、10亿 PIB/mL 甘蓝夜蛾核型多角体病悬浮、10%高效氯氟氰菊酯水乳剂、20%甲维·毒死蜱乳油、10%甲维·高氯氟微囊悬浮-悬浮剂、2 亿孢子/g 金龟子绿僵菌 CQMa421 颗粒剂、14%氯虫·高氯氟微囊悬浮-悬浮剂、40%氯虫·噻虫嗪水分散粒剂、5%氯虫苯甲酰胺超低容量液剂、5%氯虫苯甲酰胺悬浮剂、0.4%氯虫苯甲酰胺颗粒剂、200g/L 氯虫苯甲酰胺悬浮剂、24%氯硫·辛硫磷乳油、25%氰戊·辛硫磷乳油、100 亿孢子/g 球孢白僵菌可分散油悬浮剂、200 亿孢子/g 球孢白僵菌可分散油悬浮剂、300 亿孢子/g 球孢白僵菌可湿性粉剂、400 亿孢子/g 球孢白僵菌可湿性粉剂、10%四氯虫酰胺悬浮剂、25g/L 溴氰菊酯乳油、20%亚胺硫磷乳油、30%乙酰甲胺磷乳油、40%乙酰甲胺磷乳油、0.2%苏云金杆菌颗粒剂、100 亿活芽孢/mL 苏云金杆菌悬浮剂、100 亿活芽孢/克苏云金杆菌可湿性粉剂 32 000IU/毫克苏云金杆菌可湿性粉剂、16 000IU/mg 可湿性粉剂、16 000IU/mL 可湿性粉剂、8 000IU/mg 苏云金杆菌悬浮剂、8 000IU/mg 苏云金杆菌可湿性粉剂、6 000IU/微升苏云金杆菌悬浮剂、50 000IU/mg 苏云金杆菌可湿性粉剂、4 000IU/微升苏云金杆菌悬浮剂、35%噻虫嗪种子处理微囊悬浮-悬浮剂、0.2%杀单·噻虫嗪颗粒剂、1.5%辛硫磷颗粒剂、2%辛硫磷颗粒剂、3%辛硫磷颗粒剂、5%辛硫磷颗粒剂、10%辛硫磷颗粒剂、40%辛硫磷乳油、10 000头/袋松毛虫赤眼蜂杀虫卵袋

（续表）

序号	防治对象	登记药剂数量	登记药剂
2	蛴螬	69	15%吡·福·烯唑醇悬浮种衣剂、30%吡虫·氟虫腈种子处理悬浮剂、20%吡虫·氟虫腈悬浮种衣剂、50%吡虫·硫双威种子处理悬浮剂、600g/L吡虫啉悬浮种衣剂、20.6%丁·戊·福美双悬浮种衣剂、8%丁硫·戊唑醇悬浮种衣剂、20%丁硫克百威悬浮种衣剂、40%丁硫克百威水乳剂、47%丁硫克百威种子处理乳剂、0.5%毒死蜱颗粒剂、5%氟虫腈悬浮种衣剂、8%氟虫腈悬浮种衣剂、15%福·克悬浮种衣剂、20%福·克悬浮种衣剂、20.3%福·唑·毒死蜱悬浮种衣剂、15%甲柳·福美双悬浮种衣剂、20%甲柳·福美双悬浮种衣剂、16%克·醇·福美双悬浮种衣剂、15%克·酮·福美双悬浮种衣剂、17%克百·多菌灵悬浮种衣剂、9%克百·三唑酮悬浮种衣剂、10%克百威悬浮种衣剂、50%氯虫苯甲酰胺种子处理悬浮剂、16%噻虫·高氯氟种子处理微囊悬浮-悬浮剂、0.1%噻虫胺颗粒剂、600g/L噻虫胺·吡虫啉种子处理悬浮剂、0.08%噻虫嗪颗粒剂、25%萎·克·福美双种衣剂、8%戊唑·氟虫腈悬浮种衣剂、4%戊唑·噻虫嗪种子处理悬浮剂、3%辛硫磷颗粒剂、3%辛硫磷水乳种衣剂、40%溴酰·噻虫嗪种子处理悬浮剂
3	飞虱（灰飞虱和稻飞虱）	54	20%吡虫·氟虫腈悬浮种衣剂、600g/L吡虫啉悬浮种衣剂、50%吡蚜酮种子处理可分散粉剂、9%吡唑酯·咯菌腈·噻虫嗪种子处理微囊悬浮-悬浮剂50g/L氟虫腈悬浮种衣剂、8%氟虫腈悬浮种衣剂、30%氟腈·噻虫嗪悬浮种衣剂、6%咯菌腈·嘧菌酯·噻虫嗪种子处理悬浮剂、27%精·咪·噻虫胺悬浮种衣剂、16%噻虫·高氯氟种子处理微囊悬浮-悬浮剂、29%噻虫·咯·霜灵悬浮种衣剂、22%噻虫·咯菌腈种子处理悬浮剂、28%噻虫嗪·噻呋酰胺种子处理悬浮剂、21%戊唑·吡虫啉悬浮种衣剂、10%戊唑·噻虫嗪悬浮种衣剂、10%噻虫嗪微囊悬浮剂、16%噻虫嗪悬浮种衣剂、20%噻虫嗪种子处理微囊悬浮剂、30%噻虫嗪悬浮种衣剂、30%噻虫嗪种子处理悬浮剂、35%噻虫嗪悬浮种衣剂、40%噻虫嗪悬浮种衣剂、48%噻虫嗪悬浮种衣剂、50%噻虫嗪种子处理干粉剂、50%噻虫嗪种子处理可分散粉剂、70%噻虫嗪种子处理可分散粉剂
4	蚜虫	54	70%吡虫啉湿拌种剂、70%吡虫啉种子处理可分散粉剂、600g/L吡虫啉悬浮种衣剂、8%呋虫胺悬浮种衣剂、5%氟虫腈悬浮种衣剂、20%福·克悬浮种衣剂、22%噻虫·高氯氟微囊悬浮-悬浮剂、29%噻虫·咯·霜灵悬浮种衣剂、26%噻虫·咯·霜灵悬浮种衣剂、0.2%杀单·噻虫嗪颗粒剂

（续表）

序号	防治对象	登记药剂数量	登记药剂
5	金针虫	33	24%苯醚·咯·噻虫悬浮种衣剂、15%吡·福·烯唑醇悬浮种衣剂、20%吡虫·氟虫腈悬浮种衣剂、18%吡虫·高氟氯悬浮种衣剂、600g/L吡虫啉悬浮种衣剂、20.6%丁·戊·福美双悬浮种衣剂、8%丁硫·戊唑醇悬浮种衣剂、47%丁硫克百威种子处理乳剂、5%氟虫腈悬浮种衣剂、15%福·克悬浮种衣剂、20%福·克悬浮种衣剂、20.3%福·唑·毒死蜱悬浮种衣剂、10%高效氯氟氰菊酯种子处理微囊悬浮剂、15%甲柳·福美双悬浮种衣剂、20%甲柳·福美双悬浮种衣剂、16%克·醇·福美双悬浮种衣剂、15%克·酮·福美双悬浮种衣剂、17%克百·多菌灵悬浮种衣剂、9%克百·三唑酮悬浮种衣剂、10%克百威悬浮种衣剂、600g/L噻虫胺·吡虫啉种子处理悬浮剂、20%噻虫嗪种子处理微囊悬浮剂、30%噻虫嗪悬浮种衣剂、30%噻虫嗪种子处理悬浮剂、25%萎·克·福美双悬浮种衣剂、6.5%戊·氯·吡虫啉悬浮种衣剂、3%辛硫磷水乳种衣剂
6	小地老虎 地老虎	25	15%吡·福·烯唑醇悬浮种衣剂、35%吡虫·硫双威悬浮种衣剂、20.60%丁·戊·福美双悬浮种衣剂、8%丁硫·戊唑醇悬浮种衣剂、47%丁硫克百威种子处理乳剂、0.5%毒死蜱颗粒剂、15%福·克悬浮种衣剂、20%福·克悬浮种衣剂、5亿PIB/克甘蓝夜蛾核型多角体病毒颗粒剂、15%甲柳·福美双悬浮种衣剂、20%甲柳·福美双悬浮种衣剂、16%克·醇·福美双悬浮种衣剂、15%克·酮·福美双悬浮种衣剂、9%克百·三唑酮悬浮种衣剂、10%克百威悬浮种衣剂、50%氯虫苯甲酰胺种子处理悬浮剂、200g/L氯虫苯甲酰胺悬浮剂、600g/L噻虫胺·吡虫啉种子处理悬浮剂、25%萎·克·福美双悬浮种衣剂、3%辛硫磷水乳种衣剂、48%溴氰虫酰胺种子处理悬浮剂、40%溴酰·噻虫嗪种子处理悬浮剂
7	蝼蛄	19	8%丁硫·戊唑醇悬浮种衣剂、15%吡·福·烯唑醇悬浮种衣剂、20.6%丁·戊·福美双悬浮种衣剂、47%丁硫克百威种子处理乳剂、15%福·克悬浮种衣剂、20%福·克悬浮种衣剂、20.3%福·唑·毒死蜱悬浮种衣剂、15%甲柳·福美双悬浮种衣剂、20%甲柳·福美双悬浮种衣剂、16%克·醇·福美双悬浮种衣剂、15%克·酮·福美双悬浮种衣剂、17%克百·多菌灵悬浮种衣剂、10%克百威悬浮种衣剂、25%萎·克·福美双悬浮种衣剂
8	黏虫/粘虫	16	20%乙酰甲胺磷悬浮种衣剂、30%乙酰甲胺磷乳油、40%亚胺硫磷乳油、20%福·克乳油、30%福·克乳油、40%福·克乳油、20%哒嗪硫磷乳油、50g/LS-氰戊菊酯乳油、2.5%高效氯氟氰菊酯水乳剂、5%高效氯氟氰菊酯水乳剂、50%氯虫苯甲酰胺种子处理悬浮剂、200g/L氯虫苯甲酰胺悬浮剂、100亿孢子/克球孢白僵菌可分散油悬浮剂、40%溴酰·噻虫嗪种子处理悬浮剂、30%乙酰甲胺磷乳油

（续表）

序号	防治对象	登记药剂数量	登记药剂
9	二点委夜蛾	6	0.7%噻虫·氟氯氰菊颗粒剂、40%溴酰·噻虫嗪种子处理悬浮剂、1%甲氨基阿维菌素苯甲酸盐水乳剂、5%甲氨基阿维菌素苯甲酸盐可溶粒剂、200g/L氯虫苯甲酰胺悬浮剂
10	蓟马	5	40%溴酰·噻虫嗪种子处理悬浮剂、20%吡虫·氟虫腈悬浮种衣剂、20%福·克悬浮种衣剂
11	红蜘蛛	1	20%唑螨酯悬浮剂
12	玉米象	1	28%敌敌畏缓释剂
13	蜗牛	1	6%聚醛·甲萘威颗粒剂
14	甜菜夜蛾	1	40%溴酰·噻虫嗪种子处理悬浮剂
15	仓储害虫	2	70%马拉硫磷乳油
16	多种害虫	17	18%杀虫双水剂
17	地下害虫	51	20%吡·戊·福美双悬浮种衣剂、20.60%丁·戊·福美双悬浮种衣剂、20%丁硫·福·戊唑悬浮种衣剂、25%丁硫·福美双悬浮种衣剂、40%丁硫克百威水乳剂、40%毒死蜱乳油、30%多·福·克悬浮种衣剂、15%多·甲拌悬浮种衣剂、15%福·克悬浮种衣剂、15.5%福·克悬浮种衣剂、18%福·克悬浮种衣剂、20%福·克悬浮种衣剂、21%福·克悬浮种衣剂、60%福·克种子处理干粉剂、40%甲基异柳磷乳油、35%甲基异柳磷乳油、15%甲柳·福美双悬浮种衣剂、7.5%甲柳·三唑醇悬浮种衣剂、3.5%甲柳·三唑酮种衣剂、15%克·醇·福美双悬浮种衣剂、63%克·戊·福美双干粉种衣剂、9.1%克·戊·三唑酮悬浮种衣剂、8.1%克·戊·三唑酮悬浮种衣剂、15%克百·多菌灵悬浮种衣剂、12%克百·甲硫灵悬浮种衣剂、9%克百威悬浮种衣剂、10%克百威悬浮种衣剂、350g/L克百威悬浮种衣剂、6.9%柳·戊·三唑酮悬浮种衣剂、300g/L氯氰菊酯悬浮种衣剂、200g/L顺式氯氰菊酯种子处理悬浮剂、7.3%戊唑·克百威悬浮种衣剂、7.5%戊唑·克百威悬浮种衣剂、18%辛硫·福美双种子处理微囊悬浮剂、3%辛硫磷颗粒剂

一、有机磷类杀虫剂

1. 辛硫磷（phoxim）

辛硫磷的化学式为$C_{12}H_{15}N_2O_3PS$，是一种有机磷杀虫剂，以触杀和胃毒作用为主，无内吸作用，对鳞翅目幼虫很有效。

结构式：

杀虫机理：辛硫磷的磷原子具有强电子吸收力，能与胆碱酯酶结合成不可逆反的磷酰化胆碱酯酶，使酶失去活性，造成乙酰胆碱有增无减，引起神经中毒、过度兴奋、虫体痉挛而死。

防治对象：玉米螟、金针虫、小地老虎、蛴螬（表2-10）。

表2-10　辛硫磷在玉米作物上的登记种类及使用

农药名称	用药量（制剂量/亩）	施用方式
1.5%辛硫磷颗粒剂	600~750g/亩	喇叭口撒施
3%辛硫磷颗粒剂	300~350g/亩	加细沙后在喇叭口处均匀撒施
5%辛硫磷颗粒剂	210~240g/亩	喇叭口撒施
10%辛硫磷颗粒剂	60~105g/亩	喇叭口撒施
3%辛硫磷水乳种衣剂	药种比1∶（30~40）	种子包衣
40%辛硫磷乳油	80~100g/亩	拌毒土撒施心叶

注意事项：

（1）每个作物周期的最多使用次数为1次。

（2）本品应于初龄幼虫盛发期试验，注意撒施要均匀。

（3）对高粱、黄瓜、菜豆和甜菜等敏感，避免撒施时接触到上述作物。

（4）不能与碱性物质混用，以免分解失效。该药在光照条件下易分解，所以田间喷雾最好在傍晚和夜间施用，大风天或预计1h内降雨，请勿施药。

（5）对水生生物、蜜蜂、家蚕有毒，周围蜜源作物花期禁用，施药期间应密切关注对附近蜂群影响，避开蚕室、桑园附近茎叶，鸟类保护区内禁用。

2. 乙酰甲胺磷（acephate）

乙酰甲胺磷又名高灭磷，是一种低毒口服杀虫剂，化学式为 $C_4H_{10}NO_3PS$。纯品为白色结晶。

结构式：

杀虫机理：乙酰甲胺磷能与胆碱酯酶结合成不可逆反的磷酰化胆碱酯酶，使酶失去活性，造成乙酰胆碱有增无减，引起神经中毒、过度兴奋、虫体痉挛而死。

防治对象：黏虫和玉米螟（表2-11）。

表2-11　乙酰甲胺磷在玉米作物上的登记种类及使用

农药名称	用药量（制剂量/亩）	施用方式
30%乙酰甲胺磷乳油	120~240mL/亩	茎叶喷雾
40%乙酰甲胺磷乳油	500~1 000 倍液	茎叶喷雾

注意事项：

（1）不可与碱性物质混用。

（2）施药器械宜用清水洗干净。禁止在天然水域中清洗，防止污染水源，残液不能随便泼洒，应选择安全地点妥善处置。

（3）对未使用完的剩余药剂应密封好后，贮存于安全的地方。

（4）在使用农药的过程中，应穿戴好防护用品，避免药液溅及衣服、眼睛和皮肤。操作完毕后，应及时清洗防护用品，并清洗手、脸和可能污染的部位。

（5）本品对蜜蜂、家蚕有毒，不要在开花植物花期和桑蚕养殖区使用。

（6）本品禁止在蔬菜、瓜果、茶叶、菌类和中草药材作物上使用。

二、氨基甲酸酯类

1. 丁硫克百威（carbosulfan）

丁硫克百威化学式为 C20H32N2O3S，是剧毒农药克百威较理想的替代品种之一，也是玉米田登记最多的氨基甲酸酯类杀虫剂。原药为棕色至棕褐色黏稠油状液体。

结构式：

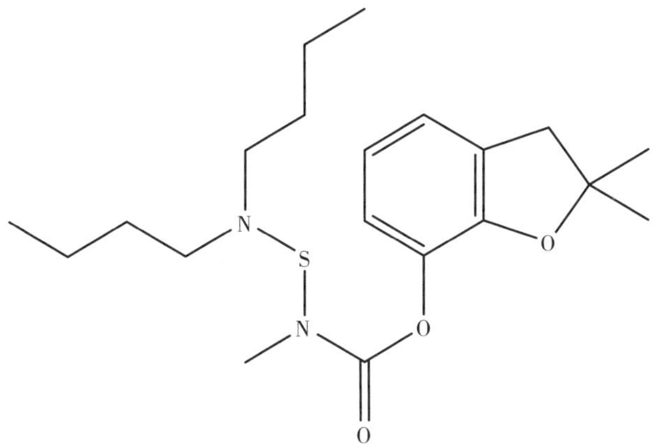

杀虫机理：丁硫克百威作用于乙酰胆碱受体，抑制乙酰胆碱酯酶活性，导致活性中心的丝氨酸羟基氨基甲酰化，被阻断的丝氨酸羟基不能再参与乙酰胆碱的水解。可引起试虫兴奋、痉挛、昏迷甚至死亡中毒症状。

防治对象：玉米地下害虫蛴螬、地老虎、金针虫、蝼蛄（表2-12）。

表2-12　丁硫克百威在玉米作物上的登记种类及使用

农药名称	用药量（制剂量/亩）	施用方式
20%丁硫克百威悬浮种衣剂	588~666mL/100kg 种子	种子包衣
47%丁硫克百威种子处理乳剂	222~286g/100kg 种子	拌种
40%丁硫克百威水乳剂	285~400mL/100kg 种子	拌种

注意事项：

用于播种前拌种，播种后立即覆土。

（1）本品不得与碱性物质混用，以免引起药害或毒性变化。

（2）包衣前的种子须达国家良种标准。

（3）包衣后的种子有毒，不得食用和作饲料。

（4）本品对鹌鹑、溞类高毒，对斑马鱼中毒，使用时必须注意避免污染水体，禁止在河塘等水体中清洗配药施药工具，在鸟类保护区禁用，播种后立即覆土，开花植物花期、蚕室和桑园附近禁用。

（5）使用时应穿戴防护用品，如穿防护服，戴手套等，避免皮肤接触和吸入药液，此时不能饮食、吸烟等，使用后用肥皂清洗手、脸和皮肤裸露部位。

（6）用过的容器应妥善处理，不可做他用，也不可随意丢弃。

（7）避免孕妇及哺乳期的妇女接触本品。

（8）禁止在蔬菜、瓜果、茶叶、菌类和中草药材作物上使用。

2. 克百威（carbofuran）

克百威化学式为 $C_{12}H_{15}NO_3$，是一种氨基甲酸酯类杀虫剂，纯品为白色结晶。在玉米田登记的氨基甲酸酯类杀虫剂的数量中仅次于丁硫克百威。

结构式：

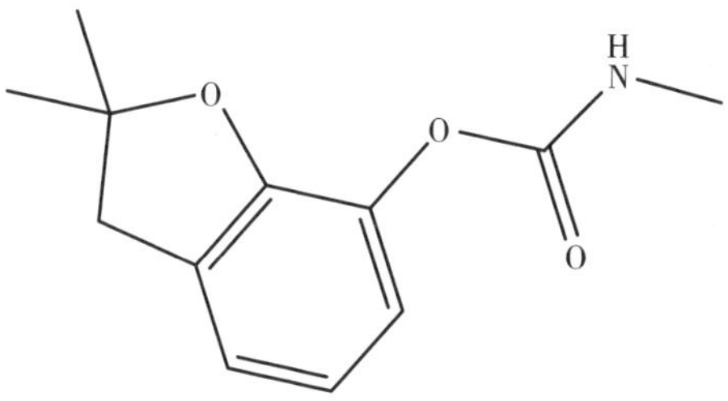

杀虫机理：作用于乙酰胆碱受体，抑制乙酰胆碱酯酶活性，导致活性中心的丝氨酸羟基氨基甲酰化，被阻断的丝氨酸羟基不能再参与乙酰胆碱的水解。可引起试虫兴奋、痉挛、昏迷甚至死亡中毒症状。

防治对象：蛴螬、地老虎、金针虫、蝼蛄等玉米地下害虫（表2-13）。

表 2-13　克百威在玉米作物上的登记种类及使用

农药名称	用药量（制剂量/亩）	施用方式
9%克百威悬浮种衣剂	1∶40~50（药种比）	种子包衣
10%克百威悬浮种衣剂	1∶40~50（药种比）	种子包衣
350g/L克百威悬浮种衣剂	1∶30~50（药种比）	种子包衣

注意事项：

（1）本品为专用制剂，只能用于良种包衣。

（2）本品为固定剂型，不可加水及其他农药、化肥，严禁与碱性物品混用，避免引起药效变化和造成药害。

（3）本品为高毒制剂，包衣和播种时要穿戴劳保服装，如工作服、口罩、手套等，以防中毒。禁止孕妇及哺乳期妇女接触。

（4）包衣时要严格按药种比规定的用药量。

（5）包衣后的种子不能长期储存，严禁食用、畜用或作为原料，要远离水源、儿童、食品、家禽、家畜。用过的种衣剂空瓶严禁他用，需妥善处理或深埋。

（6）本品不得用于防治卫生害虫，不得用于蔬菜、瓜果、茶叶、菌类、中草药材的生产，不得用于水生植物的病虫害防治。

（7）包衣前的种子应为精选良种，种子芽率、含水量等各项指标须达国家良种标准。

（8）孕妇及哺乳期妇女避免接触本品。

三、拟除虫菊酯类杀虫剂

1. 高效氯氟氰菊酯（lambda-cyhalothrin）

高效氯氟氰菊酯的化学式为 $C_{23}H_{19}ClF_3NO_3$，纯品为白色固体，工业品为淡黄色固体。是玉米田登记最多的拟除虫菊酯类杀虫剂。

结构式：

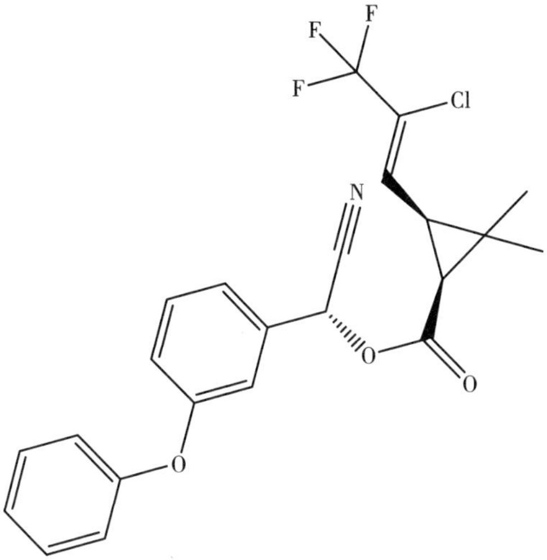

杀虫机理：高效氯氟氰菊酯作用于神经膜，靶标部位为 Na⁺ 通道。拟除虫菊酯类杀虫剂与钠离子通道结合，是钠通道变构，产生去极化。

防治对象：玉米螟、黏虫、金针虫（表2-14）。

表2-14　高效氯氟氰菊酯在玉米作物上的登记种类及使用

农药名称	用药量（制剂量/亩）	施用方式
2.5%高效氯氟氰菊酯水乳剂	16~20mL/亩	喷雾
5%高效氯氟氰菊酯水乳剂	8~10mL/亩	喷雾
10%高效氯氟氰菊酯水乳剂	15~20mL/亩	喷雾
10%高效氯氟氰菊酯种子处理微囊悬浮剂	375~450mL/100kg 种子	拌种

注意事项：

（1）严格按照农药安全使用准则使用本品。避免药液接触皮肤、眼睛和污染衣物，避免吸入雾滴。切勿在施药现场抽烟或饮食。在饮水、进食和抽烟前，应先洗手、洗脸。配药时，应戴防渗手套和面罩或护目镜，穿长袖衣、长裤、靴子等。

（2）施药时，应戴面罩覆盖口及鼻，穿长袖衣、长裤、靴子等。

（3）施药后，彻底清洗防护用具，洗澡，并更换和清洗工作服。

（4）使用过的空瓶，用清水冲洗三次后妥善处理，切勿重复使用或改作其他用途。所有施药器具，用后应立即用清水或适当的洗涤剂清洗。

（5）施药地块禁止放牧和畜禽进入；勿在安全间隔期内进行采收。

（6）本品对鱼、水生生物、蜜蜂和家蚕有毒，水产养殖地附近，开花作物花期，蚕室桑园附近禁用。切勿将制剂及其废液弃于池塘、沟渠、河溪和湖泊等，以免污染水源，禁止在河塘等水域清洗施药器具。

（7）未用完的制剂应放在原包装内密封保存，切勿将本品置于饮、食容器内。

（8）不得与碱性农药等物质混用，建议与其他作用机制的杀虫剂交替使用。

（9）孕妇和哺乳期妇女禁止接触本品。

（10）用过的容器应妥善处理，不可做他用，也不可随意丢弃。

四、新烟碱类杀虫剂

1. 噻虫嗪（thiamethoxam）

噻虫嗪的化学式为 $C_8H_{10}ClN_5O_3S$，是一种第二代烟碱类高效低毒杀虫剂，原药为白色粉末状固体，是玉米作物登记的新烟碱类杀虫剂最多的药剂。

结构式：

杀虫机理：新烟碱类杀虫剂是作用在昆虫 nAChRs 上的激动剂之一。早期，其与昆虫乙酰胆碱受体的结合模式假说主要集中在 3 个部位上：吡啶环上的氮原子、咪唑啉环上的 SP2 杂化氮原子、药效基团。害虫接触药剂后，中枢神经正常传导受阻，使其麻痹死亡。

防治对象：玉米蚜虫、玉米螟、稻飞虱、灰飞虱、和地下害虫金针虫、蛴螬（表2-15）。

表2-15 噻虫嗪在玉米作物上的登记种类及使用

农药名称	用药量（制剂量/亩）	施用方式
30%噻虫嗪种子处理悬浮剂	467~700mL/100kg 种子	拌种
46%噻虫嗪种子处理悬浮剂	200~600mL/100kg 种子	拌种
20%噻虫嗪种子处理微囊悬浮剂	700~1 050mL/100kg 种子	拌种
35%噻虫嗪种子处理微囊悬浮剂	402~600g/100kg 种子	拌种
50%噻虫嗪种子处理干粉剂	250~400g/kg 种子	拌种
16%噻虫嗪悬浮种衣剂	500~1 000g/100kg 种子	拌种
30%噻虫嗪悬浮种衣剂	500~667mL/100kg 种子	拌种
35%噻虫嗪悬浮种衣剂	400~600mL/100kg 种子	拌种
40%噻虫嗪悬浮种衣剂	240~480g/100kg 种子	拌种
48%噻虫嗪悬浮种衣剂	260~400mL/100kg 种子	拌种
50%种子处理可分散粉剂	120~400g/100kg 种子	拌种
70%噻虫嗪种子处理可分散粉剂	200~300g/100kg 种子	拌种
10%噻虫嗪微囊悬浮剂	1 000~2 000mL/100kg 种子	拌种
0.08%噻虫嗪颗粒剂	40~50kg/亩	拌种

注意事项：

（1）使用前请仔细阅读注意事项标签，并按照农药安全使用准则使用。

（2）请勿将本品与氧化性物质接触。

（3）使用本品时应采取相应的安全防护措施，穿防护服，戴防护手套、口罩、鞋子等，避免皮肤接触及口鼻吸入。使用中不可吸烟、饮水及吃东西，使用后及时清洗手、脸等暴露部位皮肤并更换衣物。

（4）本品对鸟类风险较高，鸟类保护区及其附近禁止使用。在播种后及时覆土，立即清理裸露在土壤表面的染毒种子。

（5）本品对蜜蜂风险性较高，（周围）开花植物花期禁用，使用时应密切关注对附近蜂群的影响。

（6）在水产养殖区、河塘等水体附近禁用，请勿将制剂及其废液弃于池塘、河溪和湖泊等，以免污染水源；禁止在河塘等水体中清洗施药器具；施药后的田水不得直接排入水体。

（7）用过的容器要妥善处理，不可作他用，也不可随意丢弃。

（8）孕妇及哺乳期妇女禁止接触本品。

2. 吡虫啉（imidacloprid）

吡虫啉化学式为 $C_9H_{10}ClN_5O_2$，属新烟碱类杀虫剂，原药外观白色至浅褐色固体粉末，有微弱气味。

结构式：

杀虫机理：吡虫啉作用于昆虫 nAChRs 上的激动剂之一。害虫接触药剂后，中枢神经正常传导受阻，使其麻痹死亡。

防治对象：蚜虫、金针虫、蛴螬（表2-16）。

表2-16 吡虫啉在玉米作物上的登记种类及使用

农药名称	用药量（制剂量/亩）	施用方式
600g/L吡虫啉悬浮种衣剂	400~600mL/100kg 种子	拌种
70%吡虫啉湿拌种剂	500~700g/100kg 种子	拌种
70%吡虫啉种子处理可分散粉剂	600~700g/100kg 种子	拌种

注意事项：

（1）使用时应穿长衣长裤、靴子，戴帽子、护目镜、口罩、手套等防护用具；施药期间不可吃东西、饮水、吸烟等；施药后应及时洗手、洗脸并洗涤施药时穿着的衣物。

（2）本品对蜜蜂、家蚕有毒，施药期间应避免对周围蜂群的影响，开花植物花期、蚕室和桑园附近禁用。

（3）处理后的种子禁止供人畜食用，也不要与未处理种子混合或一起存放，播种后覆土，防止禽类误食。

（4）禁止在河塘等水域清洗施药器具。鸟类保护区附近禁用。

（5）用过的容器及包装材料应妥善处理，不可挪做他用，也不可随意丢弃。

（6）孕妇和哺乳期妇女避免接触本品。

五、双酰胺类杀虫剂

1. 氯虫苯甲酰胺（chlorantraniliprole）

氯虫苯甲酰胺的分子式为 $C_{18}H_{14}BrCl_2N_5O_2$，属双酰胺类杀虫剂，纯品外观为白色结晶。

结构式：

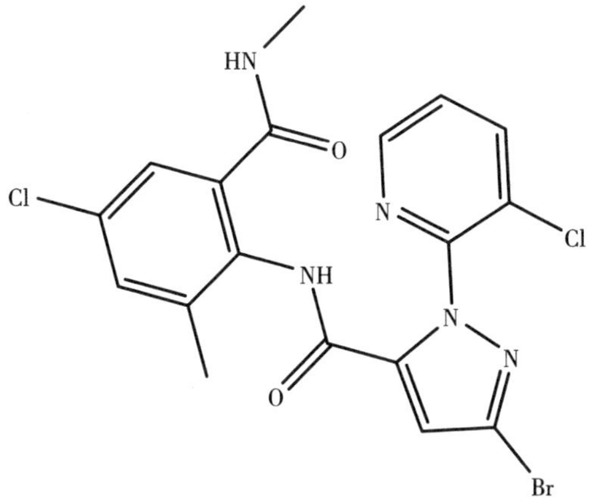

杀虫机理：氯虫苯甲酰胺的化学结构具有其他任何杀虫剂不具备的全新杀虫原理，能高效激活昆虫鱼尼丁（肌肉）受体。过度释放细胞内钙库中的钙离子，导致昆虫瘫痪死亡，对鳞翅目害虫的幼虫活性高。

防治对象：玉米螟、小地老虎、黏虫、蛴螬、二点委夜蛾（表2-17）。

表 2-17　氯虫苯甲酰胺在玉米作物上的登记种类及使用

农药名称	用药量（制剂量/亩）	施用方式
5%氯虫苯甲酰胺超低容量液剂	16~20mL/亩	超低容量喷雾
50%氯虫苯甲酰胺种子处理悬浮剂	380~530g/100kg 种子	拌种
5%氯虫苯甲酰胺悬浮剂	16~20mL/亩	喷雾
0.4%氯虫苯甲酰胺颗粒剂	350~450g/亩	撒施
200g/L 氯虫苯甲酰胺悬浮剂	3~15mL/亩	喷雾

注意事项：

（1）本品不可与强酸、强碱性物质混用。

（2）远离水产养殖区、河塘等水体施药；禁止在河塘等水体中清洗施药器具；鱼或虾蟹套养稻田禁用，施药后的田水不得直接排入水体。

（3）包衣后的种子严禁人畜食用，如需晾晒必须有专人看管，特别要注意远离儿童以防止误食中毒。

（4）包衣后的种子如需丢弃，应远离水体掩埋。

（5）种子包衣后置于通风阴凉处阴干，不可置于阳光下暴晒。

（6）本品为 28 族杀虫剂。为延缓抗性的产生，使用本品后约 60d 内，不要使用氯虫苯甲酰胺或其他 28 族杀虫剂产品。

（7）包装物用后建议清洗三遍后，送指定地点回收，进行无害化处理。用过的容器应妥善处理，不可做他用，也不可随意丢弃。

（8）使用本品时应穿长袖外套、长裤、穿鞋袜。用药期间不可吃东西和饮水，用药后应及时洗手和洗脸。

（9）孕妇和哺乳期妇女应避免接触。

（10）鸟类保护区禁用，播种施药后立即覆土。

六、沙蚕毒素类杀虫剂

1. 杀虫双（bisultap）

杀虫双的分子式为 $C_5H_{11}NNa_2O_6S_4$，属沙蚕毒类杀虫剂，是一种神经毒剂，纯品为白色结晶，工业品为茶褐色或棕红色单水。是在玉米上登记的唯一沙蚕毒素类杀虫剂。

结构式：

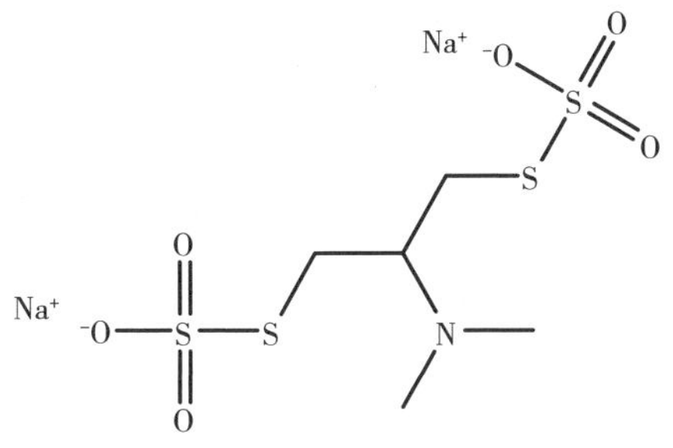

杀虫机理：杀虫双阻遏昆虫神经节的传递，抑制乙酰胆碱的释放是传递阻遏的次要原因。

防治对象：玉米上多种害虫（表2-18）。

表2-18　杀虫双在玉米作物上的登记种类及使用

农药名称	用药量（制剂量/亩）	施用方式
18%杀虫双水剂	200~250mL/亩	喷雾

注意事项：

（1）使用本品时应穿戴防护服和手套，避免吸入药液。施药期间不可吃东西和饮水。使用后用肥皂洗手，如衣服沾染必须洗净。

（2）应密封贮存，不宜日晒，防止挥发。

（3）本品对蜜蜂、鱼类等水生生物、家蚕有毒，施药期间应避免对周围蜂群的影响、蜜源作物花期、蚕室和桑园附近禁用。远离水产养殖区施药，禁止在河塘等水体中清洗施药器具。

（4）建议与其他作用机制不同的杀虫剂轮换使用。

（5）孕妇及哺乳期妇女避免接触。

（6）用过的容器和废弃包装应妥善处理，不可随意丢弃或做他用。

附表：

附表 2-1　玉米田杀虫剂单剂登记情况

杀虫剂分类	有效成分名称	登记剂型	登记数量	合计
有机磷类	辛硫磷	颗粒剂	40	96
		乳油	25	
		水乳种衣剂	1	
	乙酰甲胺磷	乳油	14	
	毒死蜱	颗粒剂	7	
		乳油	1	
	甲基异柳磷	乳油	3	
	马拉硫磷	乳油	2	
	敌敌畏	缓释剂	1	
	哒嗪硫磷	乳油	1	
	亚胺硫磷	乳油	1	
氨基甲酸酯类	丁硫克百威	种子处理悬浮剂	4	8
	克百威		4	
拟除虫菊酯类	高效氯氟氰菊酯	水乳剂	3	10
		种子处理微囊悬浮剂	1	
	溴氰菊酯	乳油	2	
	氯氰菊酯	种子处理悬浮剂	2	
	S-氰戊菊酯	乳油	1	
新烟碱类	噻虫嗪	种子处理悬浮剂	50	77
		微囊悬浮剂	2	
		颗粒剂	1	
	吡虫啉	种子处理剂	22	
	噻虫胺	颗粒剂	1	
	呋虫胺	种衣剂	1	

（续表）

杀虫剂分类	有效成分名称	登记剂型	登记数量	合计
双酰胺类	氯虫苯甲酰胺	悬浮剂	2	9
		种子处理悬浮剂	1	
		颗粒剂	1	
		超低容量液剂	1	
	氟苯虫酰胺	悬浮剂	2	
	四氯虫酰胺	悬浮剂	1	
	溴氰虫酰胺	种子处理悬浮剂	1	
沙蚕毒素类	杀虫双	水剂	17	17
生物农药	苏云金杆菌	可湿性粉剂	49	83
		悬浮剂	23	
		颗粒剂	2	
	球孢白僵菌	可湿性粉剂	3	
		可分散油悬浮剂	2	
	金龟子绿僵菌 CQMa421	颗粒剂	1	
		可分散油悬浮剂	1	
	甘蓝夜蛾核型 多角体病毒	颗粒剂	1	
		悬浮剂	1	

附表 2-2 玉米田二元杀虫剂混剂登记情况

组分 1	组分 2	登记数量	合计
噻虫嗪	杀虫单	3	9
	氯虫苯甲酰胺	2	
	溴氰虫酰胺	1	
	高效氯氟氰菊酯	2	
	氟虫腈	1	

（续表）

组分1	组分2	登记数量	合计
吡虫啉	氟虫腈	2	6
	硫双威	2	
	高效氟氯氰菊酯	1	
	噻虫胺	1	
噻虫胺	氟氯氰菊酯	1	1
高效氯氟氰菊酯	氯虫苯甲酰胺	2	4
	甲维盐	1	
	除虫脲	1	
辛硫磷	氯氰菊酯	1	2
	氰戊菊酯	1	
甲维盐	毒死蜱	1	1
杀虫单	氟苯虫酰胺	1	1
四聚乙醛	甲萘威	1	1

附表2-3 玉米田杀虫杀菌混剂登记情况

农药名称	剂型	登记数量
噻虫嗪+咯菌腈	22%种子处理悬浮剂	1
噻虫嗪+咯菌腈+精甲霜灵	29%悬浮种衣剂	6
噻虫嗪+咯菌腈+苯醚甲环唑	24%悬浮种衣剂	1
噻虫嗪+咯菌腈+嘧菌酯	6%种子处理悬浮剂	1
噻虫嗪+咯菌腈+吡唑酯	9%种子处理微囊悬浮剂	1
噻虫嗪+噻呋酰胺	28%种子处理悬浮剂	1
噻虫嗪+戊唑醇	4%种子处理悬浮剂	1
	7%悬浮种衣剂	1
	10%悬浮种衣剂	1

（续表）

农药名称	剂型	登记数量
吡虫啉+戊唑醇	3%悬浮种衣剂	1
	5.4%悬浮种衣剂	1
	11%悬浮种衣剂	1
	21%悬浮种衣剂	2
戊·氯·吡虫啉	6.5%悬浮种衣剂	
噻虫胺·咯·霜灵	26%悬浮种衣剂	1
精甲霜灵+咪鲜胺+噻虫胺	27%悬浮种衣剂	1
丁硫克百威+戊唑醇	8%悬浮种衣剂	1
氟虫腈+戊唑醇	8%悬浮种衣剂	1
甲基异柳磷+三唑酮	3.5%种衣剂	1
克百威+戊唑醇+三唑酮	8.1%悬浮种衣剂	2
	9.1%悬浮种衣剂	1
甲基异柳磷+戊唑醇+三唑酮	6.9%悬浮种衣剂	1
克百威+三唑酮	9%悬浮种衣剂	1
克百威+多菌灵	17%悬浮种衣剂	1
	15%悬浮种衣剂	1
多菌灵+甲拌磷	15%悬浮种衣剂	1
辛硫·福美双	18%种子处理微囊悬浮剂	1
克·戊·福美双	63%干粉种衣剂	1
吡·福·烯唑醇	15%悬浮种衣剂	1
甲柳·福美双	15%悬浮种衣剂	1
	15%悬浮种衣剂	1
	20%悬浮种衣剂	1
丁·戊·福美双	20.6%悬浮种衣剂	2
丁硫·福·戊唑	20%悬浮种衣剂	1
福·唑·毒死蜱	20.3%悬浮种衣剂	1
吡·戊·福美双	20%悬浮种衣剂	1
多·福·克	30%悬浮种衣剂	1

（续表）

农药名称	剂型	登记数量
福·克	20%种衣剂	1
	60%种子处理干粉剂	1
	15.5%悬浮种衣剂	1
	15%悬浮种衣剂	6
	18%悬浮种衣剂	2
	20%悬浮种衣剂	20
	21%悬浮种衣剂	1
丁硫·福美双	25%悬浮种衣剂	2
萎·克·福美双	25%悬浮种衣剂	1
福·戊·氯氰	6%悬浮种衣剂	1
氯氰·福美双	13%悬浮种衣剂	1
克·醇·福美双	15%悬浮种衣剂	2
	15%悬浮种衣剂	1
	16%悬浮种衣剂	1
腈·克·福美双	20.75%悬浮种衣剂	1
苯甲·毒死蜱	8%悬浮种衣剂	1

第三节　杀菌剂在玉米上的登记

　　截至 2020 年 12 月 25 日，中国农药信息网上登记的玉米田杀菌剂共计 264 个，其中单剂 104 个，混剂 160 个。从登记的杀菌剂单剂数量来看，戊唑醇单剂是登记信息最多的药剂（43 个），其次是吡唑醚菌酯（15 个），三唑酮（12 个），咯菌腈（6 个）和苯醚甲环唑（6 个）。单剂和混剂的具体登记统计见图 2-4 和附表（附表 2-4 和附表 2-5）。丝黑穗病（117 个），茎基腐病（77 个），大斑病（43 个）和小斑病（12 个）等玉米病害是杀菌剂登记最多的防治对象（表 2-19）。

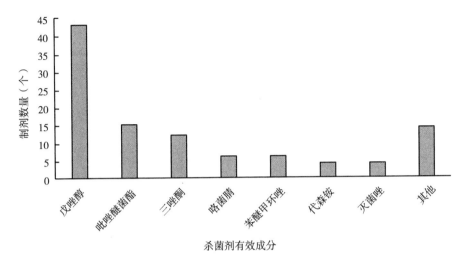

图2-4 玉米作物上登记的主要杀菌剂

表2-19 防治玉米病害的主要药剂

序号	防治对象	登记药剂数量	主要药剂
1	丝黑穗病	117	60g/L戊唑醇种子处理悬浮剂、6%戊唑醇种子处理种衣剂、0.25%戊唑醇悬浮种衣剂、2%戊唑醇悬浮种衣剂、6%戊唑醇悬浮种衣剂、60g/L戊唑醇悬浮种衣剂、80g/L戊唑醇悬浮种衣剂、2%戊唑醇种子处理可分散粉剂、2%戊唑醇湿拌种剂15%三唑酮可湿性粉剂、0.3%苯醚甲环唑悬浮种衣剂、3%苯醚甲环唑悬浮种衣剂、28%灭菌唑悬浮种衣剂、28%灭菌唑种子处理悬浮剂、22.4%氟唑菌苯胺种子处理悬浮剂、0.3%四霉素水剂8%苯甲·毒死蜱悬浮种衣剂、24%苯醚·咯·噻虫悬浮种衣剂、15%吡·福·烯唑醇悬浮种衣剂、20%吡·戊·福美双悬浮种衣剂、20.60%丁·戊·福美双悬浮种衣剂、20%丁硫·福·戊唑杀虫剂悬浮种衣剂、25%丁硫·福美双悬浮种衣剂、8%丁硫·戊唑醇悬浮种衣剂、6%福·戊·氯氰悬浮种衣剂、20.30%福·唑·毒死蜱悬浮种衣剂、10%甲·戊·嘧菌酯悬浮种衣剂、7.50%甲柳·三唑醇悬浮种衣剂、6%甲霜·戊唑醇悬浮种衣剂、4.23%甲霜种菌唑微乳剂、20.75%腈·克·福美双悬浮种衣剂、10%精

序号	防治对象	登记药剂数量	主要药剂
1	丝黑穗病	117	甲·苯醚甲悬浮种衣剂、30%精甲·咯·灭菌悬浮种衣剂、10%精甲·戊·嘧菌种子处理悬浮剂、10%精甲·戊·嘧菌悬浮种衣剂 20%克·醇·福美双悬浮种衣剂、16%克·醇·福美双悬浮种衣剂、63%克·戊·福美双干粉种衣剂、8.10%克·戊·三唑酮悬浮种衣剂、9.10%克·戊·三唑酮悬浮种衣剂、6.90%柳·戊·三唑酮悬浮种衣剂、25%萎·克·福美双悬浮种衣剂、400g/L萎锈·福美双悬浮种衣剂、6.50%戊·氯·吡虫啉悬浮种衣剂、21%戊唑·吡虫啉悬浮种衣剂、11%戊唑·吡虫啉悬浮种衣剂、3%戊唑·吡虫啉悬浮种衣剂、5.40%戊唑·吡虫啉悬浮种衣剂、8%戊唑·氟虫腈悬浮种衣剂 11%戊唑·福美双悬浮种衣剂、10.60%戊唑·福美双悬浮种衣剂、10.20%戊唑·福美双悬浮种衣剂、8.60%戊唑·福美双悬浮种衣剂、6%戊唑·福美双可湿性粉剂、7.30%戊唑·克百威悬浮种衣剂、4%戊唑·噻虫嗪种子处理悬浮剂、7%戊唑·噻虫嗪悬浮种衣剂、10%戊唑·噻虫嗪悬浮种衣剂、15%烯唑·福美双悬浮种衣剂
2	茎基腐病	77	18%吡唑醚菌酯悬浮种衣剂、18%吡唑醚菌酯种子处理悬浮剂、30%噁霉灵悬浮种衣剂、25g/L咯菌腈悬浮种衣剂、20%精甲霜灵悬浮种衣剂、450g/L克菌丹悬浮种衣剂、9%吡唑酯·咯菌腈·噻虫嗪种子处理微囊悬浮剂、25%丁硫·福美双悬浮种衣剂、15%多·福悬浮种衣剂、60%福·克种子处理干粉剂、21%福·克悬浮种衣剂、15%福·克悬浮种衣剂、20%福·克悬浮种衣剂、15.50%福·克悬浮种衣剂、10%咯菌.嘧菌酯悬浮种衣剂、35g/L咯菌·精甲霜种子处理悬浮剂、35g/L咯菌·精甲霜悬浮种衣剂、6%咯菌腈·嘧菌酯·噻虫嗪种子处理悬浮剂、14%甲·萎·种菌唑悬浮种衣剂、10%甲·戊·嘧菌酯悬浮种衣剂、15%甲柳·福美双悬浮种衣剂、7.50%甲柳·三唑醇悬浮种衣剂、10%甲霜·嘧菌酯悬浮种衣剂、6%甲霜·戊唑醇悬浮种衣剂、4.23%甲霜·种菌唑微乳剂、20.75%腈·克·福美双悬浮种衣剂、27%精·咪·噻虫胺悬浮种衣剂、10%精甲·苯醚甲悬浮种衣剂、11%精甲·咯·嘧菌种子处理悬浮剂、11%精甲·咯·嘧菌悬浮种衣剂、30%精甲·咯·灭菌悬浮种衣剂、4%精甲·咯菌腈种子处理悬浮剂、35g/L精甲·咯菌腈悬浮种衣剂、10%精甲·戊·嘧菌种子处理悬浮剂、10%精甲·戊·克·酮·福美双悬浮种衣剂、29%噻虫·咯·霜灵悬浮种衣剂、22%噻虫·咯菌腈种子处理悬浮剂、18%噻灵·咯·精甲种子处理悬浮剂、10%唑醚·精甲霜种子处理悬浮剂

（续表）

序号	防治对象	登记药剂数量	主要药剂
3	大斑病	43	25%吡唑醚菌酯悬浮剂、30%吡唑醚菌酯悬浮剂、250g/L吡唑醚菌酯乳油、25%吡唑醚菌酯微乳剂、70%丙森锌可湿性粉剂、45%代森铵水剂、24%井冈霉素水剂、200亿芽孢/mL枯草芽孢杆菌可分散油悬浮剂18.70%丙环·嘧菌酯乳剂、28%丙环·嘧菌酯悬浮剂、19%丙环·嘧菌酯悬浮剂、40%丁香·戊唑醇悬浮剂、200亿芽孢/mL枯草芽孢杆菌可分散油悬浮剂、240g/L氯氟醚·吡唑酯乳油、30%肟菌·戊唑醇悬浮剂、75%肟菌·戊唑醇水分散粒剂、32%戊唑·嘧菌酯悬浮剂、25%唑醚·稻瘟灵水乳剂、17%唑醚·氟环唑悬浮剂、35%唑醚·氟环唑悬浮剂、43%唑醚·氟酰胺悬浮剂、30%唑醚·戊唑醇悬浮剂、40%唑醚·戊唑醇悬浮剂
4	小斑病	12	45%代森铵水剂、400g/L氟硅唑乳油、24%井冈霉素水剂、19%丙环·嘧菌酯悬乳剂、18.70%丙环·嘧菌酯悬乳剂、27%氟唑·福美双可湿性粉剂、30%肟菌·戊唑醇悬浮剂、32%戊唑·嘧菌酯悬浮剂
5	黑粉病	4	40%苯醚甲环唑悬浮剂、44%氟唑环菌胺悬浮种衣剂、20%福·克悬浮种衣剂
6	黑穗病	6	40%拌种双可湿性粉剂、25%丁硫·福美双悬浮种衣剂、20%福·克悬浮种衣剂、40%福美·拌种灵、8.10%克·戊·三唑酮悬浮种衣剂
7	茎腐病	3	20%福·克悬浮种衣剂、18%福·克悬浮种衣剂
8	根腐病	3	26%噻虫·咯·霜灵悬浮种衣剂、18%辛硫·福美双种子处理微囊悬浮剂
9	纹枯病	3	24%井冈霉素水剂、28%噻虫嗪·噻呋酰胺种子处理悬浮剂
10	植物健康作用	2	250g/L吡唑醚菌酯乳油
11	茎枯病	1	13%氯氰·福美双悬浮种衣剂
12	粗缩病	1	6%低聚糖素水剂
13	苗期病害	3	15%福·克悬浮种衣剂

1. 戊唑醇（Tebuconazole）

戊唑醇的分子式为 $C_{16}H_{22}ClN_3O$，属三唑类杀菌剂，纯品无色结晶体，是玉米上登记最多的杀菌剂。

结构式：

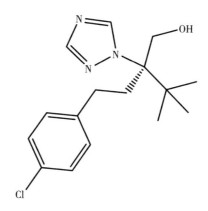

杀菌机理：戊唑醇能够抑制病原菌体内甾醇的脱甲基化过程，进一步抑制菌类麦角甾醇的合成，从而达到杀菌效果。

防治对象：玉米丝黑穗病（表2-20）。

表2-20　戊唑醇在玉米作物上的登记种类及使用

农药名称	用药量（制剂量/亩）	施用方式
60g/L戊唑醇种子处理悬浮剂	100~200mL/100kg种子	种子包衣
6%戊唑醇种子处理种衣剂	1：（500~600）（药种比）	种子包衣
0.25%戊唑醇悬浮种衣剂	150~200mL/100kg种子	种子包衣
2%戊唑醇悬浮种衣剂	1：（167~250）（药种比）	种子包衣
6%戊唑醇悬浮种衣剂	150~200mL/100kg种子	种子包衣
60g/L戊唑醇悬浮种衣剂	100~200mL/100kg种子	种子包衣
80g/L戊唑醇悬浮种衣剂	1：（667~1 000）（药种比）	种子包衣
2%戊唑醇种子处理可分散粉剂	400~600g/100kg种子	拌种
2%戊唑醇湿拌种剂	1：（167~200）（药种比）	拌种

注意事项：

（1）使用前，应仔细阅读标签；摇匀容器中的药剂；使用时须戴手套，以免接触大量药剂。

（2）品质差、破损率高或含水量高于国家标准的种子不宜进行包衣，包衣种子需符合良种标准。经本品包衣过的种子，播种深度以2~5cm为宜。

（3）经本品包衣过的种子，不能用作食物或饲料，并在外袋贴上标签注明，不可与未包衣种子混合存放。

（4）药液及其废液不得污染各类水域、土壤等环境。使用过的包装及废弃物应作集中焚烧处理，避免其污染地下水、沟渠等水源。

（5）避免使用在甜玉米、糯玉米和亲本作物上。孕妇及哺乳期妇女禁止接触本品。

2. 吡唑醚菌酯（pyraclostrobin）

吡唑醚菌酯的化学式为 $C_{19}H_{18}N_3O_4Cl$，属甲氧基氨基甲酸酯类，白色至浅米色无味结晶体。在玉米上的登记信息数量仅次于戊唑醇。

结构式：

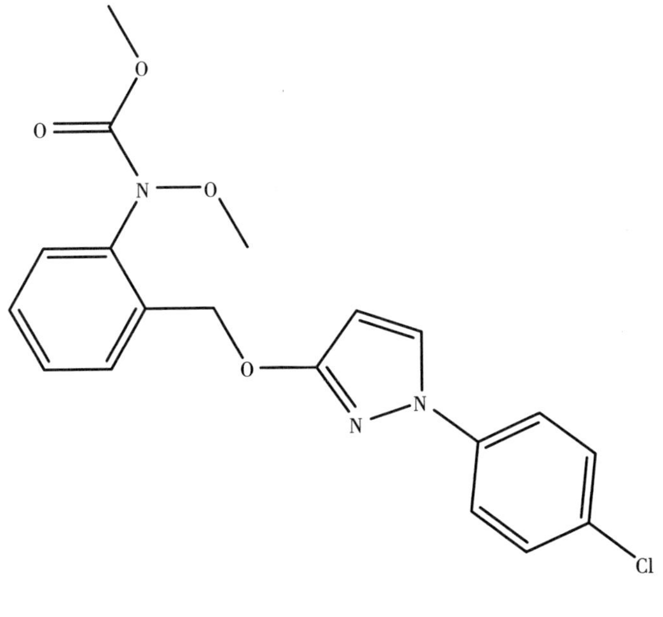

杀菌机理：吡唑醚菌酯通过阻止病菌细胞中细胞色素 b 和 Cl 间电子传递而抑制线粒体呼吸作用，具有保护、治疗、叶片渗透传导作用。

防治对象：玉米茎基腐病、玉米大斑病（表2-21）。

表2-21 吡唑醚菌酯在玉米作物上的登记种类及使用

农药名称	用药量（制剂量/亩）	施用方式
18%吡唑醚菌酯悬浮种衣剂	28~33g/100kg 种子	种子包衣
18%吡唑醚菌酯种子处理悬剂	27~33mL/100kg 种子	种子包衣
25%吡唑醚菌酯悬浮剂	30~50mL/亩	喷雾
30%吡唑醚菌酯悬浮剂	30~40mL/亩	喷雾
250g/L 吡唑醚菌酯乳油	40~50mL/亩	喷雾
25%吡唑醚菌酯微乳剂	30~50mL/亩	喷雾

注意事项：

（1）请按照农药安全使用准则使用本品。避免药液接触皮肤、眼睛和污染衣物。配药时，应戴防渗手套。施药时，应穿防护服。施药后，彻底清洗防护用具，洗澡，并更换和清洗工作服。

（2）本品对鱼类等水生生物有毒，严禁药液流入河塘，水产养殖区、河塘等水体附近禁用。禁止在河塘等水体中清洗施药器具，应避免污染各类水体。对家蚕、蜜蜂有毒，施药期间应避开开花植物花期使用，蚕室和桑园附近禁用。远离天敌放飞区和鸟类保护区。

（3）建议与其他作用机制的杀菌剂轮换使用。

（4）使用过的空包装应妥善处理，切勿重复使用或改作其他用途。所有施药器具，用后应立即用清水或适当的洗涤剂清洗。

（5）孕妇及哺乳期妇女避免接触。

3. 三唑酮（triadimefon）

三唑酮的分子式为 $C_{14}H_{16}ClN_3O_2$，属三唑类杀菌剂，是一种高效、低毒、低残留、持效期长、内吸性强的杀菌剂。

结构式：

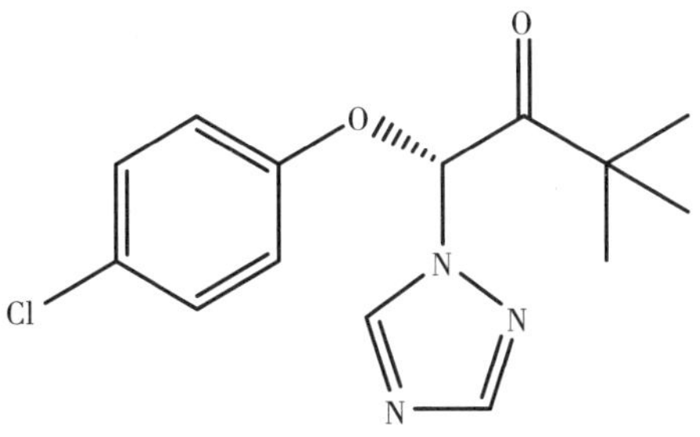

杀菌机理：同戊唑醇同属三唑类杀菌剂，抑制病原菌体内甾醇的脱甲基化过程，进一步抑制菌类麦角甾醇的合成，从而达到杀菌效果。

防治对象：玉米丝黑穗病（表2-22）。

表2-22　三唑酮在玉米作物上的登记种类及使用

农药名称	用药量（制剂量/亩）	施用方式
15%三唑酮可湿性粉剂	1：（166.7~250）（药种比）	拌种

注意事项：

（1）安全间隔期20d，每季作物最多使用2次。

（2）严格按照农药使用规则，开启包装物和施用时不可徒手操作，避免与药剂直接接触，必须穿戴防护物、口罩、手套，不可逆风喷药，更不得进食或抽烟。施药后及时换洗被污染的衣物，妥善处理废弃包装物，用肥皂和水洗净手脸。

（3）要按规定用药量使用，否则作物易受药害。

（4）禁止在河塘等水体中清洗施药器具。

4. 咯菌腈（fludioxonil）

咯菌腈的分子式是$C_{12}H_6F_2N_2O_2$，为苯基吡咯类杀菌剂，纯品为淡黄色粉末，是玉米上登记的主要杀菌剂之一。

结构式：

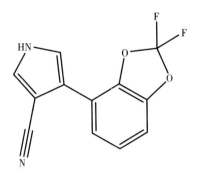

杀菌机理：咯菌腈通过抑制葡萄糖磷酰化有关的转移，并抑制真菌菌丝体的生长，最终导致病菌死亡。

防治对象：玉米茎基腐病（表2-23）。

表2-23　咯菌腈在玉米作物上的登记种类及使用

农药名称	用药量（制剂量/亩）	施用方式
25g/L咯菌腈悬浮种衣剂	168~200mL/100kg种子	种子包衣

注意事项：

（1）本品对鱼类、水蚤、藻类等水生生物有毒，鱼或虾蟹套养的稻田禁用，施药后的田水不得直接排入水体。远离水产养殖区、河塘等水体施药，禁止在河塘等水体中清洗施药器具，清洗施药器具的水也不能排入河塘等水体。

（2）使用本品应采取相应的安全防护措施，穿靴子、长袖衣和长裤，戴防护手套、口罩等，避免皮肤接触及口鼻吸入。使用中不可吸烟、饮水及吃东西，使用后及时用大量清水和肥皂清洗手、脸等暴露部位皮肤并更换衣物。

（3）配药和种子处理应在通风处进行。配药时，操作人员应戴防渗透手套和面罩或护目镜，穿长袖衣、长裤和靴子；种子处理时，应戴防渗透手套，穿长袖衣、长裤和靴子。

（4）处理过的种子必须放置在有明显标签的容器内。不得饲喂禽畜，更不得用来加工饲料或食品。

（5）播后必须覆土，严禁畜禽进入。

（6）用过的容器应妥善处理，不可做他用，也不可随意丢弃。禁止儿童、孕妇及哺乳期的妇女接触。过敏者禁用，使用中有任何不良反应需及时就医。

5. 苯醚甲环唑（difenoconazole）

苯醚甲环唑的化学式为 $C_{19}H_{17}C_{12}N_3O_3$，属低毒三唑类杀菌剂。纯品为白色粉末，有轻微香味，是玉米上登记的主要杀菌剂之一。

结构式：

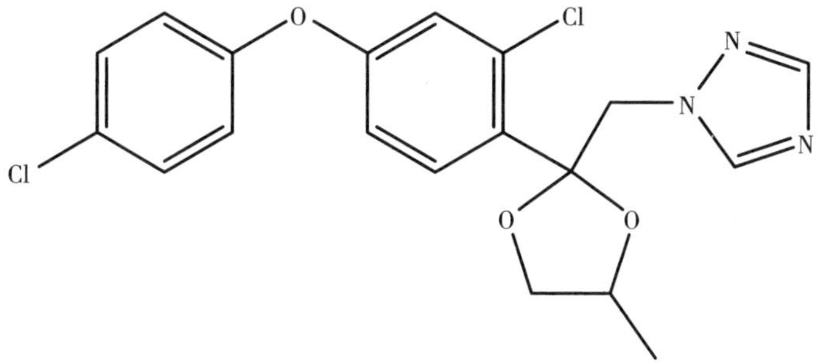

杀菌机理：抑制病原菌体内甾醇的脱甲基化过程，进一步抑制菌类麦角甾醇的合成，从而达到杀菌效果。

防治对象：玉米丝黑穗病、玉米黑粉病（表2-24）。

表2-24 苯醚甲环唑在玉米作物上的登记种类及使用

农药名称	用药量（制剂量/亩）	施用方式
0.3%苯醚甲环唑悬浮种衣剂	3 400～4 000mL/100kg 种子	种子包衣
3%苯醚甲环唑悬浮种衣剂	333～400g/100kg 种子	种子包衣
40%苯醚甲环唑悬浮剂	12.5～15mL/亩	喷雾

注意事项：

（1）本品每季最多使用1次。

（2）使用本品应采取相应的安全防护措施，穿防护服，戴防护手套、口罩等，避免皮肤接触及口鼻吸入。使用中不可吸烟、饮水及吃东西，使用后及时用大量清水和肥皂清洗手、脸等暴露部位皮肤并更换衣物。

（3）使用过的包装物应妥善处理，不可再用，也不可随意丢弃。

（4）处理后的种子禁止供人畜食用，也不要与未处理的种子混合或一起存放。

（5）本品对鱼类、水蚤、藻类等水生生物有毒，远离水产养殖区、河塘等水体施药，禁止在河塘等水体中清洗施药器具。

（6）禁止儿童、孕妇和哺乳期妇女接触。

6. 代森铵（amobam）

代森铵的分子式为 $C_4H_{14}N_4S_4$，属有机硫制剂。纯品为无色结晶，可溶于水。工业品为淡黄色液体，呈中性或弱碱性，有臭鸡蛋味。在空气中不稳定。也是玉米上登记比较多的杀菌剂之一。

结构式：

杀菌机理：内渗作用强，杀菌力强，具有铲除、保护和治疗作用。

防治对象：玉米大斑病、玉米小斑病（表2-25）。

表2-25　代森铵在玉米作物上的登记种类及使用

农药名称	用药量（制剂量/亩）	施用方式
45%代森铵水剂	78~100mL/亩	喷雾

注意事项：

（1）本品不宜与石硫合剂、波尔多液等碱性农药等物质混用，也不能与含铜制剂等混用。

（2）本说明用药量为大田作物用量，温室及大棚用药量请先试验，并减少亩用药量，水稻用药量必须按使用说明用药。

（3）配药时及施药时应穿戴防护服和手套，避免吸入药液。施药期间不可饮食与吸烟。施药后应及时洗手和洗脸。施药工具要注意清洗。勿让废水污染水源，不得在沟塘等水域清洗施药器具。

（4）建议与其他作用机制不同的杀菌剂轮换使用。

（5）孕妇及哺乳期妇女禁止接触本品。

附表：

附表 2-4　杀菌剂单剂登记信息

杀菌剂名称	登记剂型	登记数量	合计
戊唑醇	种子处理悬浮剂	4	43
	悬浮种衣剂	31	
	种衣剂	1	
	悬浮种衣剂	2	
	湿拌种剂	5	
吡唑醚菌酯	乳油	6	15
	悬浮剂	6	
	微乳剂	1	
	悬浮种衣剂	1	
	种子处理悬浮剂	1	
三唑酮	可湿性粉剂	12	12
咯菌腈	悬浮种衣剂	6	6
苯醚甲环唑	悬浮种衣剂	5	6
	悬浮剂	1	
代森铵	水剂	4	4
灭菌唑	悬浮种衣剂	2	4
	种子处理悬浮剂	2	
精甲霜灵	悬浮种衣剂	2	2
拌种双	可湿性粉剂	1	1
丙森锌	可湿性粉剂	1	1
低聚糖素	水剂	1	1
噁霉灵	悬浮种衣剂	1	1
氟硅唑	乳油	1	1
氟唑环菌胺	悬浮种衣剂	1	1
氟唑菌苯胺	种子处理悬浮剂	1	1
井冈霉素	水剂	1	1

（续表）

杀菌剂名称	登记剂型	登记数量	合计
克菌丹	悬浮种衣剂	1	1
枯草芽孢杆菌	可分散油悬浮剂	1	1
嘧菌酯	悬浮种衣剂	1	1
四霉素	水剂	1	1
累计	—	—	104

附表2-5 杀菌剂混剂登记信息

杀菌剂名称	登记剂型	登记数量	合计
福·克	悬浮种衣剂	34	35
	种子处理干粉剂	1	
噻虫·咯·霜灵	悬浮种衣剂	8	8
精甲·咯·嘧菌	种子处理悬浮剂	1	7
	悬浮种衣剂	6	
戊唑·福美双	悬浮种衣剂	6	7
	可湿性粉剂	1	
唑醚·氟环唑	悬浮剂	7	7
咯菌·精甲霜	种子处理悬浮剂	2	6
	悬浮种衣剂	4	
丙环·嘧菌酯	悬乳剂	5	5
戊唑·吡虫啉	悬浮种衣剂	5	5
克·醇·福美双	悬浮种衣剂	4	4
克·戊·三唑酮	悬浮种衣剂		4
精甲·咯菌腈	悬浮种衣剂	2	3
	种子处理悬浮剂	1	
萎锈·福美双	悬浮种衣剂	2	3
	悬浮剂	1	
戊唑·噻虫嗪	种子处理悬浮剂	1	3
	悬浮种衣剂	2	

（续表）

杀菌剂名称	登记剂型	登记数量	合计
唑醚·戊唑醇	悬浮剂	3	3
丁·戊·福美双	悬浮种衣剂	2	2
丁硫·福美双	悬浮种衣剂	2	2
丁硫·戊唑醇	悬浮种衣剂	2	2
甲柳·福美双	悬浮种衣剂	2	2
精甲·戊·嘧菌	种子处理悬浮剂	1	2
	悬浮种衣剂	1	
肟菌·戊唑醇	悬浮剂	1	2
	水分散粒剂	1	
苯甲·毒死蜱	悬浮种衣剂	1	1
苯醚·咯·噻虫	悬浮种衣剂	1	1
吡·福·烯唑醇	悬浮种衣剂	1	1
吡·戊·福美双	悬浮种衣剂	1	1
吡唑酯·咯菌腈·噻虫嗪	种子处理微囊悬浮-悬浮剂	1	1
丁硫·福·戊唑	悬浮种衣剂	1	1
丁香·戊唑醇	悬浮剂	1	1
多·福	悬浮种衣剂	1	1
多·甲拌	悬浮种衣剂	1	1
氟唑·福美双	可湿性粉剂	1	1
福·戊·氯氰	悬浮种衣剂	1	1
福·唑·毒死蜱	悬浮种衣剂	1	1
福美·拌种灵	可湿性粉剂	1	1
咯菌·嘧菌酯	悬浮种衣剂	1	1
咯菌腈·嘧菌酯·噻虫嗪	种子处理悬浮剂	1	1
甲·菱·种菌唑	悬浮种衣剂	1	1
甲·戊·嘧菌酯	悬浮种衣剂	1	1
甲硫·戊唑醇	悬浮剂	1	1
甲柳·三唑醇	悬浮种衣剂	1	1

（续表）

杀菌剂名称	登记剂型	登记数量	合计
甲霜·嘧菌酯	悬浮种衣剂	1	1
甲霜·戊唑醇	悬浮种衣剂	1	1
甲霜·种菌唑	微乳剂	1	1
腈·克·福美双	悬浮种衣剂	1	1
腈菌·戊唑醇	悬浮种衣剂	1	1
精·咪·噻虫胺	悬浮种衣剂	1	1
精甲·苯醚甲	悬浮种衣剂	1	1
精甲·咯·灭菌	悬浮种衣剂	1	1
克·戊·福美双	干粉种衣剂	1	1
克百·多菌灵	悬浮种衣剂	1	1
克百·三唑酮	悬浮种衣剂	1	1
枯草芽孢杆菌	可分散油悬浮剂	1	1
柳·戊·三唑酮	悬浮种衣剂	1	1
氯氟醚·吡唑酯	乳油	1	1
氯氰·福美双	悬浮种衣剂	1	1
嘧菌·戊唑醇	悬浮剂	1	1
噻虫·咯菌腈	种子处理悬浮剂	1	1
噻虫嗪·噻呋酰胺	种子处理悬浮剂	1	1
噻灵·咯·精甲	种子处理悬浮剂	1	1
萎·克·福美双	悬浮种衣剂	1	1
戊·氯·吡虫啉	悬浮种衣剂	1	1
戊唑·氟虫腈	悬浮种衣剂	1	1
戊唑·克百威	悬浮种衣剂	1	1
戊唑·嘧菌酯	悬浮剂	1	1
烯唑·福美双	悬浮种衣剂	1	1
辛硫·福美双	种子处理微囊悬浮剂	1	1
唑醚·稻瘟灵	水乳剂	1	1
唑醚·氟酰胺	悬浮剂	1	1

（续表）

杀菌剂名称	登记剂型	登记数量	合计
唑醚·精甲霜	种子处理悬浮剂	1	1
累计	—	—	160

以上数据来源于农药信息网，截止日期 2020 年 12 月 25 日，仅供参考。

第三章　玉米田高工效植保机械

第一节　背负式电动低容量喷雾器

1.3WBD-20B 背负式电动低量喷雾器

该植保机械由广西田园生化股份有限公司生产制造。于 2014 年正式投入使用。该产品主要为了解决玉米、甘蔗等行间定向除草问题而研究设计并生产应用，具有以下特点。

（1）行距可调。可根据种植作物行间距大小调节双喷头之间的距离；

（2）省水省工。该喷雾器的流量是 0.9 L/min，施药液量为 75~90 L/hm²，120~150min/hm²，相对于传统的背负式喷雾器省工、省时、省水。

（3）安全高效。可在玉米田进行选择性行间除草，对玉米植株安全；另外该型号喷雾器可连续工作 6 h，工作效率较高，每人每天可作业 2~3hm²（图 3-1，表 3-1）。

图 3-1　3WBD-20B 背负式电动低量喷雾器（垄上飞）

表 3-1　3WBD-20B 背负式电动低量喷雾器基本参数

项　目	参　数
药箱体积（L）	20.0
整机重量（kg）	5.5
流量（L／min）	0.9
工作压力（MPa）	0.4
喷幅（m）	1.2
喷头数量（个）	2.0
喷头类型	扇形喷头
粒径（μm）	180～220
连续作业时间（h）	6.0

2. 3WBD-16A 背负式电动低量喷雾器

该植保机械由广西田园生化股份有限公司生产制造。于 2014 年正式投入使用。该产品主要为了解决小麦、玉米、花生、油菜、甘蔗等旱地作物的病虫草害的防治以及常规喷雾器不能跟踪和记录作业轨迹和面积等问题而研究设计并生产应用，具有以下特点。

（1）喷幅宽，雾化均匀，喷杆可升降。喷杆距地面 30～200cm 可升降调节，适合玉米不同生长时期病虫草害防治作业，喷幅 4m，喷雾均匀，不会造成重喷漏喷。

（2）省工省时，作业高效。该喷雾器的流量是 1.5L／min，施药液量为 75～90L／hm^2，用时 50～60min／hm^2，相对于传统的背负式喷雾器省工、省时、省水；另外，该喷雾器可连续工作 6h，工作效率较高，每人每天可作业 4～5hm^2。

（3）智能化。该设备带有北斗终端远程监控系统，可以实时回传设备的作业位置、面积及运行轨迹提高农事作业的管理和追溯能力（图 3-2，图 3-3，表 3-2）。

图 3-2　3WBD-16A 背负式电动低量喷雾器（易喷保）

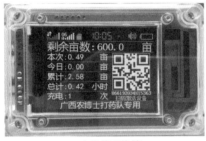

A 农业管理终端

B 后台综合监控屏

C 登陆后智能设备的位置信息

D 追踪设备作业行程、面积、轨迹等信息

图 3-3 植保机械作业管理终端和监控平台

表 3-2 3WBD-16A 背负式电动低量喷雾器基本参数

项 目	技术指标
药箱体积（L）	16
整机重量（kg）	7.0
流量（L/min）	1.5
工作压力（MPa）	0.15~0.35
喷幅（m）	4
喷头数量（个）	4
喷头类型	扇形喷头
粒径（μm）	180~220
连续作业时间（h）	6

3. 3WBD-16B 背负式电动低量喷雾器

该植保机械由广西田园生化股份有限公司生产制造，于 2015 年正式投入使用。该产品主要为了解决玉米、甘蔗等行间除草定向喷雾的问题而研究设计并生产应用，具有以下特点。

（1）喷幅宽，雾化均匀。设备为前置下探喷杆，喷杆离地高度和喷杆间距可以调，作物行间施药安全性高。

（2）省水高效。该喷雾器的流量是 1.8L/min，施药液量为 75~90L/hm²，用时 50~60min/hm²，相对于传统的背负式喷雾器省工、省时、省水；另外，该喷雾器可连续工作 6h，工作效率较高，每人每天可作业 3~4hm²（图 3-4，表 3-3）。

图 3-4　3WBD-16B 背负式电动低量喷雾器（三叉戟）

表 3-3　3WBD-16B 背负式电动低量喷雾器基本参数

项　　目	技术指标
药箱体积（L）	16
整机重量（kg）	7.3
流量（L/min）	1.8
工作压力（MPa）	0.28
喷幅（m）	3.6
喷头数量（个）	6 个
喷头类型	扇形喷头
粒径（μm）	180~220
连续作业时间（h）	6

第二节　自走式喷杆喷雾机

1.3WP-250-8A 低容量喷杆喷雾机

该植保机械由广西田园生化股份有限公司生产制造。于 2015 年正式投入使用。该产品主要为了解决人背喷雾器请工难，常规打药机费工、费水、施药不均匀以及常规悬挂式打药机不能跟踪和记录作业轨迹和面积等问题而研究设计并生产应用，具有以下特点。

（1）移动方便。拖拉机三点悬挂或农药车装载都可以作业，壶体底座带有四轮，方便移动。

（2）独立的电动喷雾系统，不受发动机油门大小影响，载体与喷雾系统可以分离，灵活性好。

（3）作业高效。一次可作业 $3 \sim 4 hm^2$，每天每台设备可以作业 $15 \sim 20 hm^2$，施药过程中高度体现出省工、省水、高效、灵活、安全、环保等优点。

（4）智能化管理。设备带有北斗农业管理终端，可以记录作业面积、轨迹、流量等信息（图 3-5，表 3-4）。

图 3-5　3WP-250-8A 低量喷杆喷雾机（易喷侠）

表 3-4　3WP-250-8A 低容量喷杆喷雾机基本参数

项　目	技术指标
药箱体积（L）	250
整机重量（kg）	68.3

（续表）

项　目	技术指标
流量（L/min）	5
工作压力（MPa）	0.35
喷杆喷幅（m）	8
喷头数量（个）	12
喷头类型	扇形喷头
连续作业时间（h）	6
连接方式	拖拉机悬挂式

2. 3WPD-5A 电动低容量喷雾系统

该植保机械由广西田园生化股份有限公司生产制造。于 2020 年正式投入使用。该产品主要为了解决常规车载打药机用水量大，喷雾不均匀，容易重喷漏喷，不能跟踪和记录作业轨迹和面积等问题而研究设计并生产应用，具有以下特点。

（1）智能信息化。安装有北斗农业智能终端系统，可以在后台实时查看设备施药面积、施药轨迹、流量和设备状态等信息。

（2）功能集成化。安装有泡沫滑行系统，在田间施药转向时可以根据泡沫判断喷杆末端施药位置，从而减少重喷漏喷现象。

（3）工作效率高。设备采用低容量喷雾的方式，可直接连接到常规车载施药机具上，实现省工省水，提高施药效率（图 3-6，表 3-5）。

图 3-6　3WPD-5A 电动低容量喷雾系统

表 3-5 3WPD-5A 电动低容量喷雾系统基本参数

项　目	技术指标
整机重量（kg）	10
动力源工作电压（V）	12V 40ah
电池续航时间（h）	6
施药液量（L/hm²）	75~90
喷头数量（个）	推荐 12m 喷幅安装 16 个扇形喷嘴，具体可根据车载打药机的实际喷幅匹配喷头数量
连接方式	后装方式嫁接车载打药机

3. 3WSH-500 自走式水旱两用喷杆喷雾机

该植保机械由山东永佳动力股份有限公司生产制造。是一款根据水稻、小麦种植结构及生长高度定位设计生产的水旱两用喷雾机。该喷杆喷雾机具有以下特点。

（1）具有体积小、重量轻、易维护，使用成本低等性能。

（2）加长车体、拓宽轮距、重心下移，增强了作业时的稳定性及爬坡幅度。

（3）耐磨实心轮胎、全封闭脱泥板、1 100 mm 地隙高度、可调分垄器，不但减少了在泥田、湿地等环境下对作物的压损，而且实现了作物中后期病虫害快速预防作业（图 3-7，表 3-6）。

图 3-7 3WSH-500 自走式水旱两用喷杆喷雾机基本参数

表 3-6 3WSH-500 自走式水旱两用喷杆喷雾机基本参数

项 目		技术指标
整机	外形尺寸（长×宽×高）	3 600mm×1 760mm×2 900mm
	车轮轴间距（mm）	1 500
	车轮幅（mm）	1 500
	重量（kg）	1 200
	喷杆展开长度（m）	9
	喷幅（m）	12
	喷洒工作压力（MPa）	0.4~0.6
	喷雾机喷洒行驶档位	低速：2、3 档；高速：1、2 档
配套动力	型式	柴油机（3 缸、水冷）
	启动方式	电启动
	最大功率/转速（kW［hp］/rpm）	16.4（22）/2 800
	最大扭矩 N·m（kgf·m）/ rpm	63.8（6.5）/1 900
	最大转速（rpm）	3 000
	旋转方向	逆时针（面向飞轮端）
	总排气量（cc）	1 007
	压缩比	21：1
	燃烧方式	涡流式
	点火提前角	18°
	使用燃料	柴油
	燃油消耗量（g/hph/rpm）	272
	润滑油种类	SAF 15W-40
	润滑油容量（L）	3.8
	冷却系统	散热器
	冷却扇大小（mm）	吸风 315
	冷却液容量（L）	1 6

（续表）

项 目			技术指标
行驶部件	驱动方式		四轮驱动
	转向方式		方向盘式
	变速档数		前进6挡，后退2挡
	离合器		干式、单片、常结合式
	差速器		直齿圆锥行星齿轮差速
	制动器		湿式离合器
	行进速度（km/h）	前进 低-1	1.29
		前进 低-2	3.01
		前进 低-3	6.06
		前进 高-1	3.84
		前进 高-2	8.95
		前进 高-3	18.02
		后退 倒-低	1.40
		后退 倒-高	4.18
	轮胎		φ950mm 高花实心
配套泵	形式		三缸 柱塞式
	转速（rpm）		400~900
	流量（L/min）		36~81L/min
	工作压力		2.5~4MPa
分动箱	低速（rpm）		642
	高速（rpm）		912
药箱	容量（L）		500
	搅拌方式		射流搅拌
配套喷头	型式		扇形喷头
	数量（个）		18+2
	雾锥角°		110
	0.5MPa 时单个喷量（L/min）		1.52（11 003）；1.02（11 002）；0.76（110 015）；0.51（11 001）
	间隔（mm）		500

(续表)

项 目			技术指标
液压装置	油泵	型式	齿轮式
		旋转方向	逆时针
		排量（cc/rev）	13
		工作压力（MPa）	16±0.5
		最大压力（MPa）	21
		额定/最大转速（rpm）	2 700/3 000
		液压油型号	ISO VG 46#
	液压油缸型式		往复式液压缸

4. 3WX-2000G 型自走式水高秆作物喷雾机

该植保机械由中农丰茂植保机械有限公司生产制造。该自走式高秆作物喷杆喷雾机采用喷杆水平作业方式，配有自动喷雾控制系统（变量喷雾），满足高秆作物整个生长期的喷雾作业，适用于玉米、小麦、大豆、棉花、油菜等农作物喷施杀虫剂、杀菌剂、除草剂及植物生长调节剂。同时还具备以下特点。

（1）全液压行走、转向，自走式加风幕式气流辅助防飘移喷雾作业。

（2）四轮驱动配置驱动防滑装置，可以在崎岖不平的田地间畅通无阻。

（3）三种转向模式使机器更加灵活，减少对田间作物的伤害。

（4）采用国际优质引擎，享受国际联保，解决了核心部件售后维修为题。

（5）配备 2 000 L 超大容量药箱，喷雾时间长达 45min，提高了作业效率。

（6）配备 GPS 卫星定位装置精准记录喷雾轨迹，防止漏喷、重喷。

（7）驾驶室空调装置，活性炭过滤器（防止驾驶者吸入农药）及夜间作业照明装置，保障了作业人员的安全性和作业舒适性（图 3-8，表 3-7）。

图 3-8　3WX-2000G 型自走式水高秆作物喷雾机

表 3-7 3WX-2000G 型自走式水高秆作物喷雾机基本参数

项 目	技术指标
药箱容积（L）	2 000
喷幅（m）	21
喷杆折叠	5 段，液压折叠
轮距（mm）	2 250～3 000
离地间隙（mm）	2 800
驱动形式	四轮液压驱动，四轮转向
发动机功率（kW）	106
最快行进速度（km/h）	34
最佳作业速度（km/h）	6～10
作业效率（hm²/h）	14.7

第三节　风送式高效远程喷雾机

1.3WFQ-1500L 风送式喷雾机

该植保机械由中农丰茂植保机械有限公司生产制造，主要用于对大田农作物如玉米、小麦、大豆等喷施化学除草剂、杀虫剂和液态肥料，也可用于果园及道旁树的病虫害防治。同时还具备以下特点。

（1）该牵引式喷雾机与 70 马力（1 马力≈735W）以上拖拉机（2 组以上液压输出）配套使用。

（2）喷洒系统由一远程喷射口和一近程喷射口组成。

（3）可以实现水平面 180°旋转和垂直面 80°上下摆动。

（4）喷射系统的移动通过液压系统来完成，喷雾机液压系统的四根液压管分别与拖拉机液压系统连接，控制喷口水平旋转及上下摆动。

（5）机器喷洒时，有效喷洒距离为 40m，此时效果较好；射程 40m 到 50m之间（考虑天气的影响会出现偏差）（图 3-9，表 3-8）。

图 3-9　3WFQ-1500L 风送式喷雾机

表 3-8　3WFQ-1500L 风送式喷雾机基本参数

项　目	技术指标
药箱容积（L）	1 500
水平射程（m）	≥40
液泵形式	隔膜泵
液泵流量（L/min）	99.7
搅拌方式	射流搅拌
工作压力（MPa）	0.5~1.0
工作转速（rpm）	480
叶轮直径（mm）	500

第四节　植保无人飞机喷雾装备

1. 全球鹰 T2000 油动单旋翼植保无人飞机

该机型由安阳全丰空植保科技股份有限公司生产制造，一体化发动机养护结构；快拆主轴、快拆药壶；模块化设计全电推尾部；便携式越野轮；喷洒结构采用串联横列布局，从而具有维修快、转场快、见效快等特点，可采用无人机+飞防专用药剂服务方式，喷洒结构采用串联横列布局，从而提高农药利用率，实现精准施药（图 3-10）（表 3-9）。

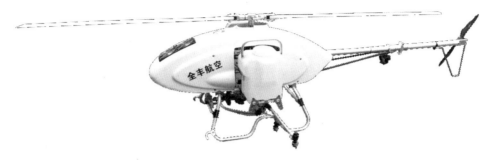

图 3-10 全球鹰 T2000 油动单旋翼植保无人飞机

表 3-9 全球鹰 T2000 油动单旋翼植保无人飞机基本参数

分 类	项 目		参 数
植保参数	喷洒杆长度（m）		1.4
	喷洒离作物高度（m）		2~3
	喷头数量（个）		6
	喷洒流量（L/min）		3.0~4.5
	药箱容量（L）		26
	最大起飞重量（kg）		66
	每架次工作时间（min）		4~9
	喷洒幅宽（m）		6~12
	每架次工作效率（hm²）		1.0~1.8
整机参数	整机净质量（kg）		36
	燃料箱容量（L）		2.5
	主旋翼直径（m）		2.68
	主旋翼材料		碳纤维或玻璃纤维或铝合金
	整机尺寸（长×宽×高）（m）		2.25×0.65×0.7
	使用温度范围（℃）		-10~45
	续航时间（min）	空载（min）	≥50
		满载（min）	≥30

（续表）

分　类	项　目		参　数
发射器	频率（GHz）		2.4
	电池组类型		磷酸铁锂
遥控接收机	频率（GHz）		2.4
	通道		≥9 通道
执行舵机	主桨翼舵机	扭力（kgf.cm）	120
		速度（s/60°）	0.12
		重量（g）	360
	尾桨舵机	扭力（kgf.cm）	17.8
		速度（s/60°）	0.06
		重量（g）	72
	油门舵机	扭力（kgf.cm）	36.5
		速度（s/60°）	0.13
		重量（g）	72
发动机	汽油发动机（cc）		170
	最大输出功率（kW）		12.5
	燃料		95 号汽油+机油
	混合润滑油比例		1∶40（需加专用 FD 级二冲程润滑油）
	冷却方式		水冷
	启动方式		自主电启动
	燃油消耗量（L/h）		≤4
操控方法	控制模式		（1）人工操作模式（2）全自主操作模式
	操作方式		起飞，降落，前飞，后飞，侧飞，转向

2. S40-E 型电动单旋翼植保无人飞机

该机型由深圳高科新农技术有限公司生产制造。该机型的特点是：载荷大、航时长、RTK 厘米级精准定位；全自主飞行，支持一键起飞、一键返航，支持手动操控/AB 点模式；精度高、航时长；防晃荡"U"形药箱发明专利，药箱容量 20L；整机防水、防尘、防腐蚀设计，结实、耐用（图 3-11，表 3-10）。

图 3-11 S40-E 型电动单旋翼植保无人飞机

表 3-10 S40-E 型电动单旋翼植保无人飞机基本参数

项　目	参　数	项　目	参　数
无人飞机型号	S40-E	泵的型号	隔膜泵
动力类型	电动	旋翼类型	单旋翼
电池容量与数量	24 000mAh（1 块）	药箱容积	20L
空载滞空时间	20min	满载滞空时间	10min
翼展直径	2.4m	喷幅宽度	6~9m
飞行高度	1~3m	飞行速度	≤15m/s，可调
喷头型号	XR-110015VS	喷头类型	压力式扇形
喷头个数	5	最大载药量	21 L

3. ALPAS 型电动单旋翼植保无人飞机

该机型由昆山龙智翔智能科技有限公司生产制造。ALPAS 是一款专业智能的农业植保无人飞机。符合智慧农业的应用需求，具有轻巧、高性能、全自动的飞行特点。ALPAS 采用单轴双桨式高升阻比翼型主旋翼设计，风场稳定，穿透力强。ALPAS 安装激光避障系统，可判断 15m 处的障碍物，保证无人飞机安全。

16L 中置药箱，能稳定装载各种农药、液态肥。机体模块化及快拆式设计，可在
30s 内快速拆换脚架。保证每小时 5~6 次起降，大大节省人力成本。

　　ALPAS 使用毫米波雷达定高，垂直误差小于 10cm，运用速度控制流量的先
进飞控，配合精准定位及激光避障系统，可实现全自动精准喷洒，是新一代农业
植保无人飞机的典范（图 3-12）（表 3-11）。

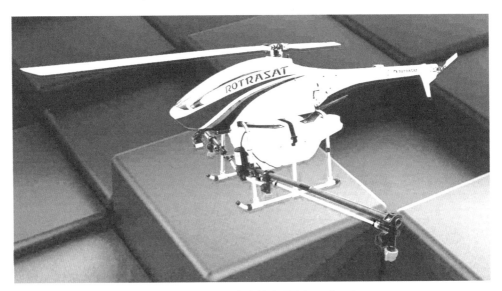

图 3-12　ALPAS 电动单旋翼植保无人飞机

表 3-11　ALPAS 型电动单旋翼植保无人飞机基本参数

项　目	参　数	项　目	参　数
尺寸	1 720mm×400mm×600mm	主旋翼直径	2 000mm
动力系统	300kV 无刷马达	自动定高系统	毫米波雷达和气压计
电池	12S12000mAh 锂电池	电池成本	每喷洒 1L 药液约 0.5 元
最大起飞重量	30kg	最大抗风能力	14m/s
机体空重	8kg	续航时间	14min（喷洒时间）
药箱容积	16L	喷嘴	4 个

4. T16 型电动多旋翼植保无人飞机

该机型由深圳市大疆创新科技有限公司生产制造，是一款 6 旋翼的电动植保无人飞机。额定载重 15.1L，最大载重量 16L，单架次起飞可以喷洒 1hm² 面积的农田，每小时喷洒工作效率可达 10hm²。它具有以下优点。

（1）作业安全性高。T16 带有广角摄像头及夜间探照灯，操作人员可以对无人飞机周边情况进行实时观察并全天候监控飞机作业环境，保障作业安全。智能遥控器同时具备手动控制模式和自动控制模式，能确保飞行过程中两种模式的自由切换，且切换时飞行状态无明显变化，在紧急情况下保障作业安全。另外，T16 型植保无人飞机采用 GNSS+RTK 双冗余系统，具有厘米级定位精度的同时，支持双天线抗磁干扰技术，作业安全更进一步。

（2）作业效率高效果稳定。T16 全新模块化设计大幅简化机身拆装，日常维护速度提升 50%，核心部件达 IP67 防护等级，稳定可靠。主体结构采用碳纤维复合材料一体成型，轻量化的同时保证整机强度。机身可快速折叠，折叠后空间占用减少 75%，便于运输。电池及作业箱支持快速插拔，作业补给效率大幅提升。得益于强大的飞行性能，T16 型植保无人飞机药液装载量提升至 16L，喷幅提升至 6.5m。喷洒系统配备 4 个液泵及 8 个喷头，流量最高可达 4.8 L/min。在实际作业中，T16 型植保无人飞机作业效率可达每小时 10hm²。此外，喷洒系统搭载了全新电磁流量计，带来传统流量计无可比拟的高精度及高稳定性（图 3-13，表 3-12）。

图 3-13　T16 电动多旋翼植保无人飞机

表 3-12   T16 型电动多旋翼植保无人飞机基本参数

项　目	参　数	项　目	参　数
尺寸	2 520mm×2 212mm×720mm（机臂展开，桨叶展开）1 800mm×1 510mm×720mm（机臂展开，桨叶折叠）1 100mm×570mm×720mm（机臂折叠）	对称电机轴距	1 883mm
雷达	RD2418R	定高及仿地	高度测量范围：1~30m；定高范围：1.5~15m；山地模式最大坡度：35°
电池	AB2-17500mAh-51.8V	推荐工作环境温度	0~40℃
最大起飞重量	41kg	最大作业飞行速度	7m/s
机体空重	18.5kg	喷头型号	XR11001VS（标配），XR110015VS（选配）
药箱容积	额定：15.1L，满载：16L	喷嘴	8个

5. P30 型电动多旋翼植保无人飞机

该机型由广州极飞科技有限公司生产制造。搭载 SUPERX3 智能飞行控制系统和 XAI 农业智能引擎。P30 型电动多旋翼植保无人飞机具有整机防水性能（图3-14，表 3-13）。

图 3-14   P30 电动多旋翼植保无人飞机

表 3-13 P30 型电动多旋翼植保无人飞机基本参数

分 类	项 目	参 数
飞行控制	飞控型号	SUPERX 3 RTK
	夜间作业	支持
	自主避障	天目 XCope
	雷达仿地	30m
	仿地精度	≤0.1m
	定位方式	GNSS RTK
精准喷洒	最大载药量	15kg
	喷头类型	离心雾化
	雾化颗粒	90~200μm
	秒启停	支持
	AI 处方图	支持
	作业效率	5.33hm²/h
	自动灌药机	ALR3
遥控作业	掌上遥控器	ARC1
	智能手持地面站	A2
电力系统	智能电池	B12800
	保姆充电器	CM4750
	储能充电器	CEB2600
	聚能充电器	CT600
外形结构	机身尺寸（含桨）	1 945mm×1 945mm×440mm
	最小运输尺寸	1 252mm×1 252mm×390mm

6. 自由鹰 TP-32 电动多旋翼植保无人飞机

该机型由安阳全丰空植保科技股份有限公司生产制造，采用了集成地面站，全新的踩点方式；双六角形纵横布局，重新定义机臂座；125°整机吸能拐角，弧形减震泄力设计，具有耐用性好、效率高、安全系数高和农药利用率高防效好的特点（图 3-15，表 3-14）。

图 3-15　自由鹰 TP-32 电动多旋翼植保无人飞机

表 3-14　自由鹰 TP-32 电动多旋翼植保无人飞机

分　类	项　目	参　数
植保参数	最远端喷头间距	1 932mm
	喷洒离作物高度	1~3m
	喷头数量	10
	喷头流量（最大）	8L
	药箱容量	32L
	最大施药量	32L
	工作时间	≤10min
	喷幅宽度	6~9m
整机参数	整机质量（起飞重量）	
	电池数量	1组（锂电池）
	电池容量	22 000mAh
	主旋翼材料	复合材料
	整机尺寸（长×宽×高）	2 065mm×1 200mm×890mm
	轴距	2 212mm
	使用温度范围	−20~50℃
	续航时间	≥10min

（续表）

分 类	项 目	参 数
发射器	频率	2.4GHz
	电源	锂电池
遥控接收机	频率	2.4GHz
	通道	12
电动机	电动机型号	T15
	最大输出功率	3 863.2W

7. M45 型电动多旋翼植保无人飞机

该机型由深圳高科新农技术有限公司生产制造。该机型支持药液喷洒、固态颗粒/粉剂撒播、赤眼蜂投放 3 种任务系统互换；净载荷 20kg；单架次作业面积 1.33~2hm²，日作业量 66.67hm² 以上，作业效率高；旋翼风场大、作业效果好；旋翼和机臂折叠式设计，折叠后体积小巧，转场方便；三角形起落架，强度高、弹性大、结实耐用；喷杆可调，大田、高秆经济作物均适用（图 3-16，表 3-15）。

图 3-16　M45 电动多旋翼植保无人飞机

表 3-15 M45 型电动多旋翼植保无人飞机基本参数

项　目	参　数	项　目	参　数
无人飞机型号	M45	泵的型号	隔膜泵
动力类型	电动	旋翼类型	3 轴六旋翼
电池容量与数量	24 000mAh（1 块）	药箱容积	20L
空载滞空时间	21min	满载滞空时间	10min
翼展直径	2.5m	喷幅宽度	6~8m
飞行高度	1~3m	飞行速度	≤15m/s，可调
喷头型号	XR-110015VS	喷头类型	压力式扇形
喷头个数	4	最大载药量	20.1L

8. E-A10 型电动多旋翼植保无人飞机

该机型由苏州极目机器人科技有限公司生产制造，是全球首款自主型全域智能感知植保无人飞机。基于行业领先的双目视觉技术，E-A10 可以实现各类大田和经济作物的植保服务，具有以下功能：①自主避障，无需用户对特定障碍物进行打点测绘，可自动作业；②智能仿地，满足平原、丘陵、山地、茶场等复杂地形条件下的植保作业要求；③快捷规划，在地图边界清晰的地块，无需用户对地块进行逐点测绘，可手绘地图确定地块边界，提高测绘效率；④精准喷洒，根据用户输入的亩用量自动调节流量实现智能喷洒控制；⑤适用性强，可选离心、弥雾喷洒系统，雾化均匀，雾化颗粒可调节范围大，满足大田和经济作物作业要求；⑥运输便捷，折叠设计，机臂和旋桨都可收纳，占用空间小；⑦智能操控，智能化程度高，可一键起飞、悬停、返航，飞行时不需用户介入，用户学习半小时即可上手飞行，大幅降低对专业飞手的依赖；⑧安全性高，远低于行业内平均炸机率，且卫星信号丢失后，无人飞机可保持安全自主飞行 1min；⑨配套完备的农业数据管理系统，帮助提升作业管理效率，提高经济价值。

E-A10 配备的离心喷头雾化均匀，雾化粒径达到 80~150μm；雾化变异系数小，左右喷头喷量误差低于 5%，喷洒精度可达 5%，杜绝喷洒不匀现象；支持 13.3~133.3mL/hm² 任意可调的变量施药，施药量与作业过程中速度等实时联动，杜绝重喷、漏喷；自带减震云台及降噪技术，可显著降低对无人飞机各类传感器的影响；体积小，重量轻，寿命长，可快速拆卸，便于维护（图 3-17，表 3-16）。

图 3-17　E-A10 电动多旋翼植保无人飞机

表 3-16　E-A10 型电动多旋翼植保无人飞机基本参数

项　目	参　数	项　目	参　数
无人飞机型号	E-A10	动力类型	电动
旋翼类型	4 轴四旋翼	药箱容积	10 L
避障系统	双目视觉	喷头类型	离心喷头
喷头个数	4	粒径范围	80~150μm
飞行高度	1~2.5m	飞行速度	≤15m/s，可调

9.3WWDZ-20 型电动多旋翼植保无人飞机

该机型由北京韦加无人飞机科技股份有限公司生产制造。采用自主研发飞行控制系统，具有自主知识产权。采用 FE 平台技术，四轴八旋翼异构式，快插式设计，机臂可快速插拔，配备 20L 插拔式刻度药箱，配备高强度穿透式压力喷头，日作业面积 53.3~80hm²。整机 3 585mm×870mm，旋翼直径 760mm，配备了22 000mAh 智能锂电，续航可达单架次 8~15min，可直接接入智慧农场管理系统，实时显示飞行相关数据（飞行高度、飞行速度、飞行轨迹、飞行时间等）和作业相关数据（作业地块位置、喷洒流量、作业作物种类等）等。

该机型的主要特点为：快拆机臂设计，快速徒手完成拆装，便于田间作业、转场和运输；喷头桨下设计，利于药液下压，提高作业效果；防震荡药箱，有效提高飞行作业稳定性；电压实时监控，安全飞行进一步得到保障；GPS 位置后台实时监控，作业轨迹一目了然，保障作业质量；航电模块防水设计，进一步提高安全性、可靠性；结构坚固、重量轻，适用于严酷的外场环境，耐高温，耐腐蚀；飞行平稳，操控简单，喷洒精准；维修保养简单（图3-18）。

图3-18 3WWDZ-20电动多旋翼植保无人飞机

10. 3WFD-1-20水星一号电动单旋翼植保无人飞机

该无人飞机由无锡汉和航空技术有限责任公司研发制造。于2016年正式投入使用。该产品主要为专业化无人机植保提供最优解决方案，填补我国单旋翼电动植保无人机空白，在确保飞防效果的同时力求飞防效率最大化，是我国第一款真正进入批量生产，具备实际植保作业能力的电动单旋翼植保无人飞机，同时是我国第一款具备高原（4 000m以上）作业能力的植保无人机，具有以下特点。

（1）直驱电尾。节约90%以上零部件。行业首创工业级单旋翼无人机直驱电动尾旋翼，是研发团队克服了飞控控制算法、电机变速效率、电子调速器急速响应、超轻型高强度尾旋翼的科研难关后，推出的国内第一款直驱电尾单旋翼植保无人机，相较传统皮带传动、轴传动尾旋翼无人机，节约零部件90%以上。

（2）内转子电机，结构强度大大增加。行业首创单旋翼无人机大功率内转子电机，是研发团队克服了内转子电机散热困难、动力较小（相对于外转子电机）等技术难关后推出的一款经典动力方式，最大功率15kW，在保证了充足动力储备的前提下，极大提升了电机结构强度，同时利用传动系统产生的风冷散热，确保电机功率充足。自2017年水星一号上市应用以来，至今没有一台电机损坏，实现 0 故障的工业奇迹，使用寿命可达 5 000h 以上。

（3）超广角陶瓷喷头，两个喷头实现超宽喷幅。选用进口陶瓷喷头，喷洒角度可达 110°，同时经过反复测试，固定喷杆角度上扬 8°，以实现 1.5~2.5m（距作物顶端）作业高度的喷洒雾滴完美交合匹配，双喷头即可实现 7m 超大有效喷幅，配合 20L（满载 22L）大药箱，大流量水泵，轻松实现 800 亩/d 的作业效率。

（4）精简旋翼布局，减震式主旋翼。在无人机关键结构部件主旋翼上，实现了超轻重量同时达到超高强度，独创减震式主旋翼，较传统旋翼布局节约零部件 50% 以上，极大降低了维护成本和维护难度。

（5）强劲的单一风场，适用高杆作物。单旋翼植保无人机的最大特点在于其单旋翼风场，由于只有一个主旋翼，其下压风场不会像多旋翼那样互相干扰，从而一定程度上影响施药效果，单旋翼风场稳定，风力强劲，主旋翼桨叶至喷杆之间风力为 13 级，喷杆与作物之间的风力为 6~7 级（飞行高度 1.5~2.5m）；既能保证将作物枝杆吹弯，又不会将作物吹倒造成损伤，6~7 级的风力等级也是最适合给玉米、高粱及部分果树施药的飞防风力等级。

（6）鱼骨式机身结构，轻量化变速箱。"轻"是水星一号的亮点之一，在设计师反复论证下，采用鱼骨式机身结构，在确保机体强度的同时，极大减轻了重量，18kg 的空重即可搭载 25kg 的重量，轻量化简易变速箱，较传统变速箱节约了 70% 以上的零部件，选用的高强度齿轮具备无油干运转能力和超长的维护周期，解决了单旋翼无人机维护繁琐、成本高的问题。

（7）全金属高强度数字化伺服舵机。水星一号所采用的全金属舵机，自迭代上市以来从未发生过损坏，20kg 的拉力保证了最大的安全冗余，全金属结构设计确保其强度足以支撑绝大部分意外事故的冲击力，同时具备良好的导热散热能力，保证电子部件即使在夏季高温环境下也能正常运转，数字化控制方式使其每一个动作都精准、细腻，造就了水星一号安全的飞行性能和优美的飞行姿态。

（8）高强度钛合金总距杆。连杆承载着飞机接近 50kg 的起飞重量和飞行姿态控制，水星一号选用有着"深海金属"之称的钛合金作为制造材料，仅有不足 5mm 的直径，具备耐高温、耐腐蚀、高强度、延展性好的特点，在高温和农药腐蚀的恶劣作业环境下实现了耐磨损万亩不换，同时其高强度和分体式连接设计，也让其成为了水星一号上又一个不会因意外而损坏的"小零件"，而水星一号正是由上百个这样的零部件所组成的优秀飞行平台。

（9）4G 网络智联，智能化作业系统，高精度 RTK 差分定位。借助于互联网平台，第二代水星一号实现了脱控操作，可以选择仅用手机进行控制，得益于强大的直升机专用飞控，水星一号实现了起飞、转场、作业、返回、降落的全自动飞行，全程无需人工干预，一键完成。同时支持一控多机模式，大规模作业中一部手机控制多台飞机同时作业，效率成倍增加；在定位系统方面，水星一号选用的 RTK 定位天线，达到了军用级标准，IP67 防护等级无惧任何恶劣环境，定位精度可达厘米级，无论白天黑夜都可以放心作业，精准施药（图 3-19，表 3-17）。

图 3-19　3WFD-1-20 水星一号电动单旋翼植保无人飞机

表 3-17　3WFD-1-20 水星一号电动单旋翼植保无人飞机基本参数

项　目	参　数
机架材质	航空铝合金、碳纤维
主旋翼直径	2 390mm
机身尺寸（不含主旋翼）（长×宽×高）	1 885mm×610mm×760mm
标准作业载重	20kg
最大起飞重量	45kg
启动方式	遥控器、手机控制、电启动
喷幅	7m
喷洒系统	进口喷头、变量喷洒
动力系统	28 000mah 容量电池

（续表）

项　目	参　数
飞行抗风能力	5级
作业效率	30~40亩/架次
作业速度	1~7m/s
飞行控制系统	RTK-差分GPS标配、全自主多边形规划飞行、仿地飞行、近远程作业数据回传、移动终端实施监控

第五节　植保无人飞机撒施系统

1. 双甩盘无人飞机颗粒抛洒系统

该设备由安阳全丰生物科技有限公司和南京农机所共同研发，采用了双甩盘颗粒抛洒，抛洒角度为270°，使抛洒很均匀；可抛撒粒径0~10mm规则或不规则颗粒，下料量的大小由两个螺杆的电机转速快慢来控制，螺杆下料很精准，喷幅可达6~9m，变异系数很小（图3-20）。

图3-20　双甩盘无人飞机颗粒抛洒系统

2. 金星系列无人飞机智能撒播系统

该农业无人飞机智能撒播系统由无锡汉和航空技术有限责任公司研发制造。于 2020 年正式投入使用。该产品主要为解决无人机播撒颗粒肥、部分粉剂、播种、天敌投放问题而研究设计并生产应用，具有以下特点。

（1）涵道式送风播撒，出料均匀，不伤机体。区别于甩盘式播撒，涵道播撒模式更加适合均匀播撒的需要，无漏播死角区，可以确保播撒的化肥、种子等颗粒物料均匀地散布在地面，特别是在地块边界时，离心甩盘播撒不可避免的会有颗粒甩出作业区域，造成浪费，而涵道式则可以确保物料颗粒均匀散布在作业区域内；向下的涵道出料口设计，避免了甩盘式播撒导致的物料颗粒与机体接触碰撞，使腐蚀性颗粒黏附在机体表面导致的机体腐蚀受损情况。

（2）柔性滚轮送料，不损伤种子及其他播撒颗粒。滚轮在物料传送时，选用可更换的特制柔性橡胶作为密封部件，与下料通道无缝结合，既保证不漏料，又能确保物料颗粒不被下料通道磨损，避免了离心甩盘高速磕碰导致的颗粒受损。

（3）播撒速度矢量控制，播撒精准不浪费。高性能播撒飞行控制系统，60～120Hz 刷新频率，可以保证播撒设备在 0.01s 内快速响应，调节播撒量，实现播撒量与播撒速度的完美结合，确保精准播撒，不浪费资源。

（4）与喷药无人机共用搭载平台，一机多用，节省费用，适应作业环境广泛。该播撒系统使用汉和航空经典机型——金星系列农业无人机进行搭载，设备在立项研发初期就考虑到了农业场景综合应用，因此除了播撒外，还可以快速换装其他任务模块执行农药喷洒、农林弥雾作业、农田消防等工作。

（5）线路集成化设计，组件模块化设计，快速拆装，任务平台转换方便快捷。为了解决设备换装、设备维护方面的时效性问题，经过产品的多次迭代升级，现在的播撒系统及飞机平台，都实现了集成化线路、模块化组件设计，确保设备换装和维护的快速操作，节约时间，提高效率。

（6）双模式无料检测系统，精准识别无料报警。结合智能飞行系统，实现断点续播；无人化播撒作业，必须精确的识别料箱内有无物料，并进行自动操作，该系统可选用红外/电容感应两种传感器，精准识别所有常见颗粒物料，解决了因物料颜色、大小、材质导致传感器无法识别的问题。

（7）播撒滚轮联动搅拌轴设计，结构简单，故障率低。播撒滚轮与搅拌轴由同一个动力电机驱动，通过减速设备联动，实现滚轮与搅拌轴的同步不同速运转，由于只有一个动力源，因此在精简了零部件数量的同时，提高了产品可靠性。

（8）核心部件 IP67 级防护，金属结构件阳极氧化处理，料箱直接冲洗，维护简单。化肥、尿素具有一定腐蚀性，对电子设备及金属部件影响较大，为了解决这一问题，研发团队使用纳米镀膜加特制防水漆，对核心电子部件进行防水耐腐蚀处理，防水同时不影响散热，同时对金属结构件进行表面阳极氧化处理，使设备整体耐腐性极大提升。

（9）开放式料箱，加料方便，结构简单。借鉴了传统地面播撒设备的大开口料箱，更节省加料时间。

（10）鱼塘、虾塘播撒模式，多种选择，自由作业。为了满足不同用户的使用需求，开发出了针对鱼塘、虾塘的自由航线飞行播撒模式，智能选择性播撒，精准投放，灵活高效（图 3-21，表 3-18）。

图 3-21　金星系列无人飞机智能撒播系统

表 3-18　金星系列无人飞机智能撒播系统基本参数

项　目	参　数
播撒器尺寸（长×宽×高）	420mm×201mm×723mm
播撒方式	涵道式
动力方式	电力风动
电压平台	50~75.6V
料箱容积	34L

（续表）

项　目	参　数
有效载荷	28kg
播撒幅宽	1~5m
播撒颗粒粒径	0~10mm
飞行高度	3~5m
涵道数量	6个
风机数量	5个
最大出料量	20kg/min
物料检测方式	红外+电容式

第四章　玉米田植保机械喷雾质量研究与应用

第一节　玉米田喷雾质量检测技术

一、玉米田喷雾雾滴检测技术

目前，玉米田病虫草害90%以上通过喷雾方式进行防治，喷雾用植保机械可分为常量喷雾、低量喷雾、微量（超低量）喷雾机具等。高容量喷雾（HV）是指施液量>150L/hm²，中容量喷雾（MV）是指喷雾液量为50~150L/hm²，低容量喷雾（LV）是指喷雾液量为5~50L/hm²，超低容量（ULV）是指喷雾液量0.5~5L/hm²，超超低容量（UULV）<0.5L/hm²。低容量及超低量喷雾施药器械喷雾量少、雾滴细、药液分布均匀、工效高，是目前施药技术的发展趋势，也是我国玉米田施药机械的主要发展方向。

药液经植保机械喷头雾化产生一系列有大有小的雾滴群，雾滴直径范围呈一定分布形成雾滴谱，通常用体积中值中径（Volume Median Diameter, VMD）和数量中值中径（Number Median Diameter, NMD）来表示其大小，单位是微米（μm）。不同类型、规格的喷头以及喷洒时的工作压力对雾滴大小有很大的影响。药液的黏度和表面张力对雾滴的形成过程以及雾滴大小也有一定的影响。因此，在使用过程中，保持药液压力的稳定是保证雾滴细度和喷量稳定的关键措施。

不同农药雾化方法可形成不同细度的雾滴，但对于某种要喷洒的靶标（如叶片、害虫等）或其特定部位，只有一定细度的雾滴才能被捕获并产生有效的致毒作用。因此，针对不同的防治对象，需要运用不同的雾化方法（表4-1）。一般地，粗雾滴（>400μm）在作物上的沉积效率很低，药液容易滚落或流失，但大雾滴不易飘移，常用于除草剂的喷施。小雾滴附着靶标的能力强且有利于获得理想的雾滴覆盖密度（即单位面积上沉积的雾滴数量）。在相同喷量下，雾滴平均直径减半，雾滴数量将增加 8 倍。但极细小的雾滴动量较小难以沉降到靶标上，在运动至靶标的过程中，雾滴直径会变小甚至蒸发消失，而且气流会扰动其运动轨迹或携带出靶标区，因此，以细小雾滴喷洒农药时，环境条件（如自然风和温湿度等）将对雾滴的沉积产生很大影响，容易产生雾滴的飘移，造成农药损失、污染及药害。经验表明，以中等大小雾滴进行低容量或超低容量喷雾时，在保证足够农药剂量的条件下，比较适宜的雾滴覆盖密度不应小于：杀虫剂 20～30 个/cm^2（理想雾滴直径 100μm 左右），除草剂 20～40 个/cm^2（理想雾滴直径 250μm 左右），杀菌剂 50～70 个/cm^2（理想雾滴直径 100~150μm）。

表 4-1　不同喷雾方法的雾滴大小及适用范围

喷雾类型		雾滴体积中径（VMD）	用途	飘失为害性
气雾法	很细雾	< 25μm	特殊环境下空间处理	高 ↕ 很低
	细雾	25～50μm		
弥雾法		50～100μm	（超）低容量法	
细雾喷洒		101～200μm	要求良好覆盖	
中等雾喷洒		201～400μm	大多数靶标适用	
粗雾喷洒		>400μm	土壤除草剂、液肥	

由此可知，不同的喷雾机械、不同的喷雾方式和雾滴粒径在田间施药过程中会产生不同的喷雾效果和防治效果，因此在玉米田间药剂喷雾过程中，开展雾滴粒径大小、雾滴润湿性、雾滴沉积分布密度、雾滴沉积量、雾滴在田间分布均匀性等的检测是评价预测喷雾质量、防治效果的重要内容。

1. 雾滴粒径检测技术

测量雾滴粒径的方法很多，有些方法在各地都可以实施，有些则需要特殊的仪器，不可普遍采用。

（1）激光粒径仪法。实验室内采用激光粒径仪直接测量喷雾雾滴粒径的方法，粒径仪型号有多种，例如英国的马尔文公司生产的 spraytec 激光粒径分析仪和深圳欧美克公司生产的喷雾雾滴粒径测定仪。激光粒径仪测定直观、准确、快速，重现性好，是目前国际上标准的测试方法，但只能在专业的实验室内完成。

（2）氧化镁板测量法。早期没有激光粒径仪，国际上把氧化酶板测定雾滴粒径作为一种标准方法，其基本原理是在清洁的载玻片下方燃烧镁条，玻板上附粘一层均匀的氧化镁薄层，并以这种氧化镁板采集雾滴。雾滴落在氧化镁板上打下小圆坑，在显微镜下用透射光检查并测量圆坑的直径便可算出雾滴的直径。圆坑的直径一般比雾滴的直径略大。圆坑的直径与雾滴直径的比值称为雾滴的扩展系数，用 SF 表示。经过大量实验后发现雾滴直径大于 $20\mu m$ 时，对于不同直径的农药雾滴来说，其扩展系数几乎是个常数，$SF = \dfrac{圆坑直径}{雾滴直径} = 1.163$，因此，测定圆坑直径后除以 1.163 或乘以 0.86 即为雾滴直径。

氧化镁钣法既适于以水为介质的低容量喷雾，也适合于以油为介质的低容量或超低容量喷雾的雾滴直径测定。下面以一个实例来具体说明该法的操作及体积中值中径（VMD）和数量中值中径（NMD）的计算。

氧化镁板的制作：将生物显微镜用的载玻片先经热的重铬酸钾—浓硫酸洗液浸泡，自来水冲净，再晾干后排在一金属架上，互相靠拢，用钳子夹住一段镁条的一端，把另一端点燃后移到玻片下方，并来回移动，使镁条火焰上端保持接触到玻板为宜。燃烧产生的氧化镁烟均匀沉积到玻板上，形成白色的氧化镁沉积薄膜。制好的氧化镁板放入干燥器中保存，有效使用期一般为一周。

采样：本例是测定手动喷雾器常量喷雾的雾滴直径，将氧化镁板平放在 5 个 50cm×30cm 的圆形沉降筒内，每个筒放两块氧化镁板，使喷雾器的喷头距地面 1m 高度作飘移喷雾，2m 喷幅，每秒 0.5m 步行速度，喷 3 个喷幅后沉降 1min，取出氧化镁板，测定圆坑的直径。

雾滴直径测定：测定雾滴直径须在显微镜下进行，用目镜测微尺测定每一个雾滴形成圆坑的直径。

目镜测微尺的标定。将目镜测微尺有刻度的一面朝下装入显微镜中。将镜台测微尺置于载物台上。先用低倍镜观察，调节至清晰地看到镜台测微尺为止。然后移动镜台测微尺和旋转目镜尺，使两者的刻度平行，并使其中一条垂直线重合，然后由两条重合线向一侧观察，当重到又有垂线重合时，数出两条重合线之间镜台测微尺和目镜测微尺的格数。由于镜台测微尺每格的长度是已知的（每格 $10\mu m$），所以从镜台测微尺的格数就可以求出目镜测微尺每小格的长度（本例中，目镜测微尺 1 格等于 $6.833\mu m$）。

在目镜筒内放入已标定的测微尺，将氧化镁板放在载物台上，左右移动氧化镁板，随机测定中间部位视野中圆坑直径，每板测定 100 个圆坑。为了简便，直接记录一圆坑的测微尺实际读数。

将测得的圆坑直径分级，按下列程序计算 VMD 和 NMD，将有关数据列表，算出各级雾滴的中位直径（$d'm$）；然后分别算出（$d'm$）^{3}、N·（$d'm$）^{3} 以及 N·（$d'm$）^{3} 的累计值［即各级雾滴的 N·（$d'm$）^{3} 的逐级累加 $\sum$N·（$d'm$）^{3}］；再分别算出各级的 N·（$d'm$）^{3} 在 $\sum$N·（$d'm$）^{3} 中所占的百分率；从各级 $\sum$N·（$d'm$）^{3} 的百分率中找出在 50% 上下的两个值，本例为 55.08% 及 48.27%。然后用内插法求出 $\sum$N·（$d'm$）^{3} 正好为 50% 相应的雾滴直径，即 VMD：

$$VMD = \frac{级差}{（上限值-下限值）} \times （50-下限值）+级差低值$$

本例中

$$VMD = \frac{3}{（55.08-48.27）} \times （50-48.27）+37 = 37.76（d'）$$

因本例中，雾滴直径是直接用测微尺读数来代表的，并非真实的雾滴直径，所以真正的 VMD 值为 37.76×6.833×0.86＝221.89（μm）其中 0.86 是氧化镁板上圆坑直径的校正值，即扩展系数的倒数。

采取同样的步聚，可以求出 NMD 值为 235.00μm。

从 VMD 和 NMD 的定义可以知道，如果雾滴群中每个雾滴大小完全相等，则 VMD 值和 NMD 值必然相等，即

$$NMD/VMD = 1$$

因此（NMD/VMD）用来表示雾滴分布的均匀度。如果粗雾滴多，VMD 值就会偏高；细雾粒多，则 VMD 值偏低，从而影响到 VMD 和 NMD 的比值。理想状态，其比值等于 1，（实际上都大于 1）比值越大，则表示雾滴粗细越不均匀。本例中，NMD/VMD＝1.06，说明雾化程度是相当均匀的。

（3）纸卡印迹法。为了田间检测农药雾滴，最方便的方法是采用纸卡印迹法。可以在喷雾液中加入示踪剂，例如诱惑红、丽春红、蓝墨水、红墨水等，喷雾时在田间布放滤纸、卡罗米特纸、复印纸等纸卡，雾滴沉落到纸卡后显示出一个颜色印迹，即显现出喷雾雾滴的信息。目前常有的纸卡有雾滴测试卡、卡罗米特纸、油敏纸、水敏纸等，各地可以根据具体情况选用。

水基雾滴测试卡（水敏纸）。为方便各地在田间快速检测农药雾滴粒径和雾滴密度，中国农业科学院植物保护研究所研究开发了一种用来检测雾滴分布、雾

滴密度及雾滴粒径的测试纸卡。这是一种黄色的纸卡，任何水质喷雾液的液滴与纸卡接触即产生相应的蓝色斑点，形状和斑迹面积与雾滴的沾湿面积相同。缺点是在有露水或湿度很高的田间不能使用。这种纸卡显色灵敏，应用便捷（图4-1）。在田间喷雾时，可以利用此卡测出雾滴分布、雾滴密度及覆盖度，还可用来评价喷雾机具喷雾质量以及测定雾滴漂移。

雾滴测试卡的使用方法如下：

——喷雾前将雾滴测试卡布放在试验小区内的待测物上或自制支架上。

——喷雾结束后，待纸卡上的雾滴印迹晾干后，收集测试卡，观测计数。

——在每纸卡上随机取3~5个1cm²方格，人工判读雾滴测试卡上每平方厘米上的雾滴数，计算出平均值，即为此点的雾滴覆盖密度（个/cm²）；目前雾滴测试卡上雾滴覆盖密度和雾滴覆盖率（%）也可以通过雾滴图像分析软件来进行计算；本测试卡的雾滴扩散系数如表4-2所示，当雾滴印迹直径大于300μm时，雾滴在纸卡上的扩散系数趋于定值，其值为1.8，雾滴印迹直径/雾滴扩散系数=雾滴真实粒径，即为雾滴大小；另外，可通过目测，直接粗略判断喷雾质量的好坏。

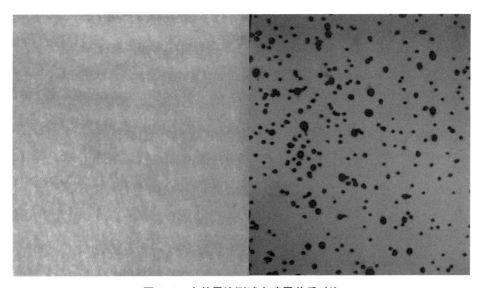

图4-1　水基雾滴测试卡喷雾前后对比

表4-2 雾滴在雾滴测试卡上的扩散系数

雾滴印迹直/μm	扩散系数	雾滴真实粒径/μm
100	1.6	62.5
200	1.7	117.6
300	1.8	166.7
1 000	1.8	555.5
2 000	1.8	1 111.1

雾滴测试卡的使用注意事项：

——使用中，需戴手套及口罩操作，防止手指汗液及水汽污染卡片。

——使用时，可用曲别针或其他工具将测试卡固定于待测物上，不可长时间久置空气中，使用应现用现取。

——喷雾结束后，稍等片刻待测试卡上水分晾干后，及时收集纸卡，防止空气湿度大导致测试卡变色，影响测试结果；如果测试卡上雾滴未干，不可重叠放置，也不可放在不透气的纸袋中。

——室外使用时，阴雨天气或空气湿度较大时不可使用。

——实验结束后，若要保存测试卡，可待测试卡完全干燥后密封保存。

——不用时，放置在阴凉干燥处，隔绝水蒸汽以防失效。

油剂雾滴测试卡（油敏纸）

上述雾滴测试卡可以对水基农药雾滴显色，但不能用于油剂农药喷雾的雾滴检测。当飞机喷雾或热烟雾机喷雾等喷洒专用油剂时，可以采用油敏纸检测雾滴，油敏纸是一种浅灰色的纸卡，纸面遇到油滴即显示黑色斑点。这种油敏纸很适合于飞机或地面超低容量喷雾中雾滴直径的测定（图4-2）。

2. 雾滴润湿性检测技术

作物和有害生物的表面都覆盖着一层蜡质，药液如缺乏润湿能力，喷到生物体表面上很容易滚落，好像雨点落在荷叶上，不能润湿，而成大水滴滚落一样。因此，喷施药液必须具有一定的润湿性。为提高除草剂、杀虫杀菌剂等药剂的田间效果，常常推荐在喷雾药液中添加喷雾助剂。田间喷药时可采用简便方法检查药液的润湿性：把配好的药液放在一只广口瓶或盆中，摘取作物叶片数片（注意不要刮擦叶表面），用手指捏住叶柄，把叶片浸入药液中，经数秒钟后提出观察，叶片沾满药液，表明润湿性良好；叶片上有药液的液斑，表明润湿性不佳；叶片

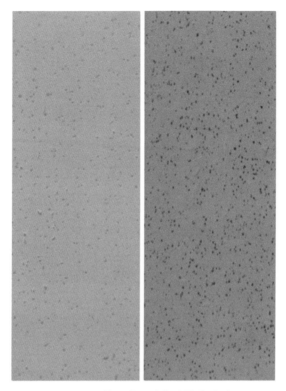

图 4-2　油基雾滴测试卡喷雾前后对比

上沾不住药液，表明没有润湿能力。然而这个方法虽然快速有一定的科学性，但是方法过于粗放。为田间快速检测农药雾滴的润湿性，国内研究机构研发了农药润湿测试卡和雾滴润湿性对比卡。

（1）雾滴润湿性测试卡。雾滴润湿性测试卡涂层是一层指示剂，当接触药液后即变色。具体使用方法是：将测试卡水平放置，用移液枪取 10μL 的被测药液于中心原点上，药液慢慢铺展，铺展所到之处卡片上呈现与背景不同的颜色，待药液完全铺展后，可通过标注在图上的铺展系数，目测读出药液的铺展系数，也可量取药液的扩散半径或直径计算药液的扩展面积，将此面积与中心圆的面积相比，得到该药液铺展系数的精准值（图 4-3）。

为了对雾滴的润湿性能进行定量，进一步优化了雾滴润湿性能测试卡，以固体石蜡（碳原子数为 18 ~ 30 的烃类混合物）为表面模拟植物叶表蜡质层，以

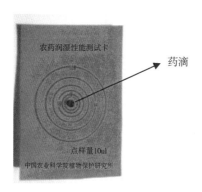

药滴

图4-3　雾滴润湿性能测试卡

20μL 清水的铺展面积为基本单元格，定义为铺展系数为1，再加入一定的指示剂制备得到喷雾药液润湿性测试卡（图4-4）。不同助剂在该测试卡上的扩散系数（单元格数）即代表润湿性能和表面张力的减少倍数。

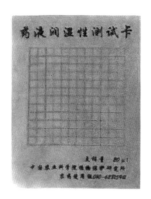

图4-4　改进后喷雾药液润湿性测试卡

（2）雾滴润湿性比对卡。为了快速对比不同药液体系的润湿性能，国内研究机构研制了一种雾滴润湿性能比对卡，使用时将药液滴在植物叶片表面，观察农药滴在植物表面的形状，并与比对卡的圆弧形状进行比对，即可判断农药雾滴在植物叶片表面的润湿性（图4-5）。

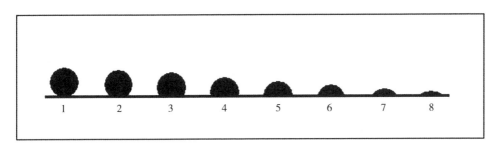

图4-5　雾滴润湿性能比对卡

二、玉米田喷雾质量检测方法

　　植保机械的喷雾质量直接关系着病虫草害的防治效果，而喷雾质量和植保机械本身性能、药液体系、操作者的施药技术水平有着直接的关系，因此在进行玉米田植保作业时其喷雾质量备受关注和重视。因此，在玉米田间药剂喷雾过程中，开展雾滴粒径大小、雾滴润湿性、雾滴沉积分布密度、雾滴沉积量、雾滴在田间分布均匀性等的检测是评价预测喷雾质量、防治效果的重要内容。特别是随着植保无人飞机在玉米田作业中比重的增加，植保无人飞机的作业质量检测方法成为航空植保行业发展的重要需要。

　　上面介绍了很多测定雾滴大小、密度和润湿性测试的方法，为了田间更快速直观测定不同植保机械的喷雾质量差异，国内相关研究机构和农业技术推广服务部门在多年田间试验基础上，发展了以水溶性染料诱惑红为指示剂的喷雾质量测定方法，具体内容如下。

　　1. 雾滴采集卡的布置

　　喷雾前，在取样区内布置雾滴采集卡，用曲别针将雾滴采集卡直接固定在叶片上，玉米苗期施药时可只夹放上部雾滴采集卡，在中后期需要夹放上、中、下三层雾滴采集卡，行间地面上布置雾滴采集卡。在垂直于喷雾器械行进方向布置三排雾滴采集卡（6~10组），每组雾滴采集卡之间的距离0.5~1.0m，每排之间间隔10~20m，玉米植株上雾滴测试卡的布置示意图如图4-6所示，测试区布卡点示意图如图4-7所示。

·135·

□ 卡罗米特纸卡/雾滴测试卡 ◯ 滤纸/麦拉片

图 4-6 玉米植株上雾滴测试卡布置示意

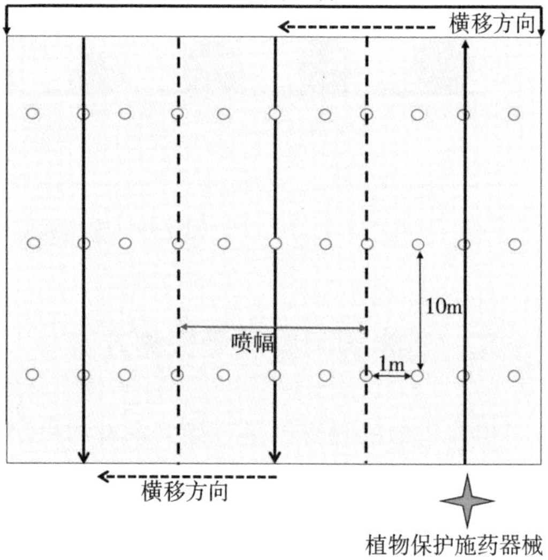

施药区域

横移方向

喷幅

10m

1m

横移方向

植物保护施药器械

图 4-7 测试区布卡点示意

2. 诱惑红的配制及标准曲线

准确称量指示剂，将其加入试验处理的药液中混合均匀并充分溶解，使其终浓度为 0.05%~0.5%。

准确称取诱惑红标准品于 10mL 容量瓶中，用蒸馏水（去离子水）定容，得到质量浓度分别为 0.5、1.0、5.0、10.0、20.0mg/L 的诱惑红标准溶液。用紫外分光光度计（或酶标仪）测定其吸光度。每个浓度连续测定 3 次。取吸光度平均值对诱惑红标准溶液浓度作标准曲线。

喷雾试验时应将含有指示剂的药液均匀喷洒在试验小区内。

3. 施药方法

将配制好的含有一定浓度诱惑红的药液加入植保机械中，玉米田常见的植保机械见表 4-3。地面植物保护施药机械按 GB/T 17997 农药喷雾机（器）田间操作规程及喷洒质量评定要求，植保无人飞机按照 GB/T 25415 航空施用农药操作准则要求进行施药。

表 4-3 玉米田常见植保机械

序号	植保机械
1	背负式手动喷雾器
2	背负式电动喷雾器
3	背负式电动静电喷雾器
4	背负式液泵喷雾机（背负式动力喷雾机）
5	推车式液泵喷雾机［推车（手推）式机动喷雾机］
6	担架式液泵喷雾机（担架式、车载式动力喷雾机）
7	背负式喷杆（组合喷枪）喷雾机
8	悬挂式喷杆喷雾机
9	牵引式喷杆喷雾机
10	自走式高秆作物喷杆喷雾机
11	自走式高地隙喷杆喷雾机
12	自走式水旱两用喷杆喷雾机
13	风送式喷雾机
14	多旋翼无人机
15	单旋翼无人直升机

4. 雾滴采集卡收集与测定

喷雾结束后，待雾滴采集卡上药液自然晾干，分别收集不同布置点和不同位置的雾滴采集卡装入自封袋中，做好标记。卡罗米特纸卡用扫描仪进行扫描，并用 Depositscan 软件测定卡罗米特纸卡上的雾滴覆盖密度以及雾滴粒径情况。雾滴累计分布为 50% 的雾滴直径为 DV_{50}，即小于此雾滴直径的雾粒体积占全部雾粒体积的 50%，也称为体积中径（VMD）。雾滴累计分布为 10% 的雾滴直径为 DV_{10}，即小于此雾滴直径的雾粒体积占全部雾粒体积的 10%；雾滴累计分布为 90% 的雾滴直径为 DV_{90}，即小于此雾滴直径的雾粒体积占全部雾粒体积的 90%；

向装有麦拉片/滤纸的自封袋中加入 5mL 蒸馏水，振荡摇匀 5min，致麦拉片/滤纸上的诱惑红全部洗入溶液之中，用带 0.22μm 水系滤膜的注射器进行过滤处理，处理后的溶液用紫外分光光度计或多功能酶标仪于波长 514 nm 处测定其吸光度值。根据已测定的标准曲线计算洗脱液的浓度，进而根据洗脱液的体积，以及麦拉片/滤纸面积，按公式（1）计算单位面积上的沉积量（μg/cm²）。

$$\beta_{\text{dep}} = \frac{(\rho_{smpl} - \rho_{blk}) \times F_{cal} \times V_{dil}}{A_{col}} \tag{1}$$

式中：

β_{dep}——沉积量，单位为微克每平方厘米（μg/cm²）

ρ_{smpl}——样品的吸光值

ρ_{blk}——空白对照的吸光值

F_{cal}——标准曲线的斜率值

V_{dil}——洗脱液的体积，单位为毫升（mL）

A_{col}——雾滴收集卡（麦拉片/滤纸）的面积，单位为平方厘米（cm²）

5. 玉米植株取样与测定

田间小区试验结束 30min 后，在试验处理采用"Z"形 5 点取样法取样，大田作物测试区取样点如图 4-8 所示，每点取玉米 1 株，每个处理重复三次，分别装到自封袋中，做好标记。

测定时根据作物不同生长期和大小往装有作物的自封袋中加入适量（20～100mL）的自来水，震荡洗涤 5～10min，确保将作物植株上的诱惑红完全洗脱，用带 0.22μm 水系滤膜的注射器进行过滤处理，处理后的溶液用紫外分光光度计（或酶标仪）测定洗涤液在 514nm 处的吸光度值。根据诱惑红的标准曲线，计算洗涤液中诱惑红的浓度。

根据诱惑红的标准曲线和样品的吸光度计算出样品中诱惑红的浓度，然后乘以洗脱液的体积，除以取样株数，计算出单株作物上的诱惑红的量，然后乘以该作物的种植密度，得到该作物单位面积上农药的沉积量，除以单位面积诱惑红的施用总量，根据公式（2）计算农药利用率。

$$D = \frac{(\rho_{smpl} - \rho_{blk}) \times F_{cal} \times V_{dil} \times \rho \times 10\,000}{10^6 \times M \times N} \times 100\% \tag{2}$$

式中：

D——大田作物的农药沉积利用率

ρ_{smpl}——样品的吸光值

ρ_{blk}——空白对照的吸光值

F_{cal}——标准曲线的斜率值

V_{dil}——洗脱液的体积，单位为毫升（mL）

N——取样植株数量，单位为株

ρ——种植密度，单位为株每平方米（株/m^2）

M——单位面积指示剂的施用总量，单位为克每公顷（g/hm^2）

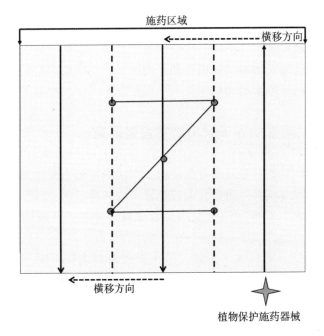

图 4-8　施药区取样点示意

● ：施药区域植株取样点

第二节　不同植保机械在玉米田喷雾质量研究

　　玉米是我国主要粮食作物之一，在我国各省均有大面积种植。玉米生长的不同时期均会遭到病虫草害的为害。在玉米苗期，背负式手（电）动喷雾器、背负式喷杆喷雾器、自走式喷杆喷雾机和植保无人飞机均可达到很好的病虫草害防治的施药效果，风送远程喷雾机施药效果相对较差。在玉米生长的中后期棉铃虫、玉米螟、玉米蚜虫、红蜘蛛、大小斑病、褐斑病等病虫害发生严重，会造成玉米严重减产。面对高达2m以上的玉米植株，农户背负手（电）动喷雾器和背负式喷杆喷雾器进田作业异常困难，无法开展正常的防治作业，且操作人员污染中毒风险大。这也是我国玉米田登记药剂中70%左右为除草剂的原因之一，施药机械和施药技术的不足限制了病虫害的有效防治。随着我国"十三五"期间一系列项目的实施，我国已经基本构建了从地面到航空、从大田到设施、从通用到专用相对完善和齐备的植保机械体系。高工效、专一性和智能化的植保机械如自走式喷杆喷雾机、植保无人飞机更多地应用于玉米田中后期病虫害的防治中，且其施药技术更多关注施药器械的适用性和通用性，药剂喷施的均匀性和对靶性，本章主要介绍不同喷杆喷雾机和植保无人飞机在玉米田中的喷雾质量测定。

一、自走式喷雾机在玉米田喷雾质量研究

自走式喷雾机是指自身装配有柴油机、汽油机等动力源，无需额外采用拖拉机悬挂、牵引的喷雾机具。自走式喷杆喷雾机的种类很多，目前仍处于快速发展期，一些新的技术如GPS定位系统图象处理系统等也正在应用于大田喷杆喷雾作业。喷杆型式可分为以下几种。

（1）横喷杆式。喷杆水平配置，喷头直接装在喷杆下面，这是常用的一种机型。根据喷杆的高低也分为喷杆喷雾机和高杆喷雾机。

（2）吊杆式。在横喷杆下面平行地垂吊着若干根竖喷杆。作业时，横喷杆和竖喷杆上的喷头对作物形成"门"字形喷洒，使作物的叶面、叶背都能较均匀地被雾滴覆盖。主要用在玉米生长中后期喷洒杀虫剂、杀菌剂。

（3）气流辅助式。这是一种新型喷雾机，在喷杆上方装有一条气袋，气袋下方对着每个喷头的位置开有一排出气孔。作业时由风机往气袋里供气，利用风机产生的强大气流，经气袋下方小孔产生下压气流，将喷头喷出的雾滴带入株冠丛中，提高了雾滴在作物各个部位的附着量，增强了雾滴的穿透性，使其可穿入浓密的作物中。作业时喷雾装置还可根据需要变换前后角度，大大降低了雾滴飘移污染。

在进行玉米田病虫草害防治时要根据玉米不同生长期病虫草害的特征进行选

择使用。一般横喷杆式喷杆喷雾机用于播前、播后苗前的全面喷雾、玉米生长前期的除草及病虫害防治，吊杆式喷杆喷雾机和气流辅助式喷杆喷雾机用于玉米生长中后期的病虫害防治和植物生长调节剂的喷施。

1. 横喷杆式喷杆喷雾机喷雾雾滴在玉米植株冠层的沉积分布

中国农业科学院植物保护研究所研究了横喷杆式喷杆喷雾机喷雾雾滴在玉米植株冠层的沉积分布情况。自走式喷杆喷雾机的喷嘴为 TEEJET 110 03 VP 号，安装在 6m 喷杆上，喷嘴间距 0.5m，喷杆工作高度 0.5~3.5m 可调。喷杆高度设置为 0.5m 和 1.0m，喷雾压力为 0.3MPa。

喷雾后雾滴在玉米植株不同部位的雾滴沉积分布试验结果见表 4-4，因玉米叶片的阻挡效应，喷雾雾滴在不同部位的沉积分布呈现衰减现象，即在上部叶片雾滴沉积密度高，中下部沉积分布雾滴小。喷雾雾滴在上部叶片的沉积密度最高，达到（107±18）个/cm^2，随着取样点从上部叶片转向中下部叶片，因为玉米叶片的阻拦效应，喷雾雾滴的沉积密度显著衰减下降，分别下降到（86±21）个/cm^2、（52±15）个/cm^2 和（25±12）个/cm^2。这样的雾滴沉积分布，利于防治玉米上部的病虫害，例如玉米蚜虫和玉米锈病，对于为害玉米中下部的病虫害例如棉铃虫则有一定的困难。

表 4-4 横杆喷雾后雾滴在玉米植株不同部位的雾滴沉积密度

玉米植株部位	雾滴沉积密度（个/cm^2）
上部叶片	107±18
中部叶片	86±21
下部叶片	52±15
底部叶片	25±12

2. 吊杆式喷杆喷雾机喷雾雾滴在玉米植株冠层的沉积分布

在田间研究测定横杆式喷杆喷雾机喷雾雾滴在玉米植株冠层沉积分布时，发现雾滴在玉米植株尤其是雌穗上的沉积分布变化很大，而玉米雌穗又是玉米上害虫主要聚集和为害的器官，如果喷雾雾滴不能在雌穗很好地沉积，玉米生产中后期的害虫就很难进行防治，进而影响玉米产量和安全性。基于此，中国农业科学院植物保护研究所开展了吊杆式喷杆喷雾机喷雾雾滴在玉米植株冠层的沉积分布研究。

喷杆喷雾机的喷嘴为 TEEJET 110 03 VP 号，喷雾压力为 0.3MPa，调节吊杆（一对喷头）位于玉米雌穗上方约 10cm，喷头角度向下 45°，喷雾扇面垂直于地面。

玉米植株生长形态与其他作物明显不同，其中后期植株高大，有些地区的品种甚至达到 3m 多高，叶片宽且长，玉米叶片由内到外弯成一定弧度，导致虽然在同一叶片但附着雾滴的角度不同，因此本试验分别选择玉米植株上部（第一片叶），中上部（第三片叶）和中下部（第五片叶、雌穗）为研究位置，并将第三片叶和第五片叶划分为内部、中部、外部加以区别研究，这样就更加具有准确性和参考性。喷雾前用曲别针在玉米植株特定部位布放卡罗米特纸和滤纸，分别用于测定雾滴密度和药液沉积量。卡罗米特纸和滤纸的布放位置为玉米植株的（从上到下）第一片叶、第三片叶（内、中、外）、第五片叶（内、中、外）以及雌穗，保持它们的位置一一对应，并沿喷雾方向横向和纵向各设 3 次重复（图 4-9）。

图 4-9　喷雾前（左）后（右）的玉米植株不通过部位卡罗米特纸和滤纸

表 4-5 显示了采用吊杆喷雾雾滴在玉米冠层内的沉积密度与药液沉积量。从表 4-5 可以看出，雾滴在玉米雌穗上的沉积密度最高，可达 45.3 个/cm²，其次是第五片叶内部，达 44 个/cm²。在玉米植株不同部位雾滴密度的变异系数为 12.2%~48.2%。由此可知，采用吊杆喷雾方式药液可在玉米植株第三片叶、第五片叶以及雌穗各水平层面上形成良好的沉积分布。

表4-5　吊杆式喷雾机喷雾雾滴在玉米植株不同部位的雾滴沉积密度

玉米植株部位	雾滴沉积密度（个/cm²）	变异系数（%）
第一片叶	0	0
第三片叶（内部）	19.3	16.6
第三片叶（中部）	16.7	12.5
第三片叶（外部）	17.0	48.2
第五片叶（内部）	44.0	12.7
第五片叶（中部）	32.3	19.9
第五片叶（外部）	27.0	38.7
雌穗	45.3	12.2

采用吊杆喷雾技术可在玉米植株冠层不同部位形成不同的沉积分布，表4-6和表4-7分别显示了在同一喷幅内第三片叶内部和第五片叶内部水平层面上的雾滴沉积密度均匀性的测试结果。从表4-6可以看出，在同一喷幅内玉米第三片叶内部的雾滴沉积密度变异系数为15.0%~30.8%，在喷雾机行走方向上的雾滴沉积密度变异系数为10.8%~27.8%。表4-7同样显示了雾滴在玉米第五片叶内部的沉积分布均匀情况，沉积密度与第三片叶相比有所增加。由此可知，虽然玉米植株高大，农田环境相对密闭，叶片之间多相互遮挡、交错，但采用吊杆喷雾技术可在玉米植株不同层面上形成较好的沉积分布，满足玉米中后期病虫害控制的要求。

表4-6　吊杆式喷雾机喷雾雾滴在玉米第三片叶内部的沉积密度

雾滴沉积密度（个/cm²）	同一喷幅内紧邻不同喷杆的玉米植株			平均值	变异系数（%）
	第1列	第2列	第3列		
第Ⅰ行	13	17	9	13.0	30.8
第Ⅱ行	23	21	17	20.3	15.0
第Ⅲ行	18	20	14	17.3	17.6
平均值	18.0	19.3	13.3	—	—
变异系数（%）	27.8	10.8	10.8	—	—

表4-7 吊杆式喷雾机喷雾雾滴在玉米第五片叶内部的沉积密度

雾滴沉积密度 (个/cm²)	同一喷幅内紧邻不同喷杆的玉米植株			平均值	变异系数 (%)
	第1列	第2列	第3列		
第Ⅰ行	89	62	58	69.7	24.2
第Ⅱ行	77	87	79	81.0	6.5
第Ⅲ行	69	63	44	58.7	22.2
平均值	78.3	70.7	60.3	—	—
变异系数 (%)	12.8	20.0	29.2	—	—

3. 风幕式喷杆喷雾机喷雾雾滴在玉米植株冠层的沉积分布

植保机械在玉米田的施药效果受气象因素（风力、温度、湿度）、喷雾作业参数（喷雾量、雾滴直径、作业速度）和不同生长期的叶面积指数变化等多因素的影响。为了在玉米田苗期和中后期均能达到理想的病虫草害防治效果，增强雾流穿透能力，提高雾滴在玉米植株上的沉积率，减少雾滴飘移是关键一步。风幕式气流辅助喷雾技术是实现以上目标的有效方法之一。

农业农村部南京农机化研究所开展了风幕式喷杆喷雾机喷雾雾滴在玉米植株冠层的沉积分布的研究。

喷杆喷雾机的喷嘴为 TEEJET 110 02 号，喷雾压力为 0.4MPa，在玉米冠层上、中和下部分别布放卡罗米特纸和滤纸，分别用于测定雾滴密度和药液沉积量。

从表4-8和表4-9可以看出：①无风幕部件的喷杆喷雾机在玉米冠层上部的雾滴沉积量总体略大于带风幕部件的喷杆喷雾机，前者上部沉积量平均值为 $1.75\mu g/cm^2$，后者为 $1.27\mu g/cm^2$；而在冠层中下部的雾滴沉积量则小于带风幕部件的喷杆喷雾机，前者冠层中部、下部位置的沉积量平均值分别为 0.76 和 $0.45\mu g/cm^2$，后者相应位置沉积量分为 1.04 和 $0.53\mu g/cm^2$，风幕式喷杆喷雾机喷雾雾滴在玉米冠层中部和下部的沉积量分别提高了 36.8% 和 17.8%；②无风幕部件的喷杆喷雾机的雾滴覆盖率总体上低于带有风幕部件的喷杆喷雾机，前者在冠层上中下部的雾滴覆盖率平均值分别为 21.19%、11.66% 和 8.70%，后者相应位置的雾滴覆盖率平均值分别为 24.65%、13.06% 和 11.13%，分别提高了 16.3%、12.0%、27.9%。由此可知，风幕式喷杆喷雾技术有助于玉米中下部病虫害的防治，而不利于玉米上部病虫害的防治。

表4-8　风幕式喷杆喷雾机雾滴在玉米冠层沉积量

玉米冠层部位	无风幕	有风幕
	沉积量（μg/cm²）	沉积量（μg/cm²）
上部	1.75	1.28
中部	0.76	1.04
下部	0.45	0.53

表4-9　风幕式喷杆喷雾机雾滴在玉米冠层覆盖率

玉米冠层部位	无风幕	有风幕
	覆盖率（%）	覆盖率（%）
上部	21.19	24.65
中部	11.66	13.06
下部	8.70	11.13

二、植保无人飞机在玉米田喷雾质量研究

近年来，我国农业航空产业发展迅速，特别是农业航空重要组成之一的植保无人飞机发展迅猛。植保无人飞机航空施药作业作为国内新型植保作业方式，与传统的人工施药和地面机械施药方法相比，具有作业效率高、成本低、农药利用率高的特点，并且可有效解决高秆作物、水田和丘陵山地人工和地面机械作业难等问题，是应对大面积突发性病虫害防治，缓解由于城镇化发展带来的农村劳动力不足，减少农药对操作人员的伤害等问题的有效方式。与有人驾驶固定翼飞机和直升机相比，植保无人飞机具有机动灵活、不需专用的起降机场的优势。特别适用于我国田块小、田块分散的地域和民居稠密的农业区域；且植保无人飞机采用低空低量喷施方式，旋翼产生的向下气流有助于增加雾滴对作物的穿透性，防治效果相比人工与机械喷施方式提高了15%～35%。因此，植保无人飞机航空施药已成为减少农药用量和提升农药防效的新型有力手段。

植保无人飞机的发展也给玉米田中后期病虫害防控提供解决途径，近年来随着植保无人飞在玉米田的应用面积也逐年增加。从图4-10可以看出，从2014年后，植保无人飞机开始大面积应用于玉米田，从最初的91万亩次，增加到2019

年的 5 705万亩次，植保无人飞机在玉米田上的应用面积增长了 62.7 倍。

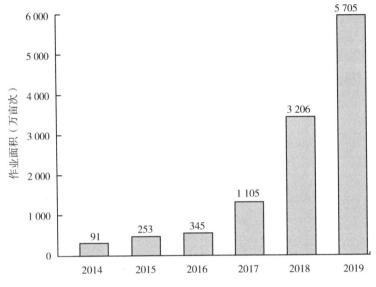

图 4-10　植保无人飞机在玉米田上的应用面积

目前，用于玉米田作业的植保无人飞机主要包括油动单旋翼植保无人飞机、电动单旋翼植保无人飞机和电动多旋翼植保无人飞机等类型。植保无人飞机在玉米田上大面积应用，由此引发的喷雾质量问题自然成为人们关注的焦点。

植保无人飞机喷雾雾滴在玉米冠层的沉积和地面施药机械一样，在玉米田的施药效果受气象因素（风力、温度、湿度）、喷雾作业参数（飞行高度、速度、喷雾量、雾滴大小）和不同生长期的叶面积指数变化等多因素的影响。但植保无人飞机飞行速度快、喷头距作物冠层高，一般在 1.5~3.0 m，小雾滴从喷头喷洒后在下落过程中，一方面在高温作业环境下，尤其是在南方地区，更容易蒸发萎缩而造成农药流失飘失；另一方面受环境风速和植保无人飞机风场的影响，小雾滴更容易发生飘移。蒸发萎缩和飘移直接影响喷施药剂在有效靶标区的沉积，从而无法保证对病虫害的防治效果，同时飘移也是影响喷施作物周围环境因子包括村庄、水源和养殖区等非靶标作物区域安全的重要原因。因此植保无人飞机施药质量及其测定是作业过程中尤其需要关注的问题。

中国农业科学院植物保护研究所从 2012 年开始研究植保无人飞机低空喷洒

在玉米田的雾滴沉积分布及对玉米病虫害的防治效果。

1. 单旋翼植保无人飞机喷雾雾滴在玉米植株冠层的沉积分布

植保无人飞机为安装 4 个转盘式离心喷头的单旋翼无人机，施药时环境温度为 30.5℃，湿度为 51.5%，风速为 1~1.5m/s，玉米处理抽穗期，株高约 250cm。喷施药剂为 40% 毒死蜱乳油和 10% 毒死蜱超低容量油剂。

喷雾开始前，分别在试验处理区与喷雾带相垂直的线上，采用雾滴测试卡从喷幅中心线分别向两边每行布 1 株，共 15 株，每株分别布在玉米第一片叶（上部）、第三片叶（中部）、第五片叶（下部）及雌穗上，用曲别针夹于叶片的正反两面。试验时，无人机飞行速度为 5m/s，飞行高度（无人机距玉米植株顶部的高度）共设 1m、2.5m 和 4m 这 3 项处理，每项处理重复 3 次，随机区组排列，试验小区面积 1 000m²（100m×10m），小区之间留出 10m 的保护区。待雾滴沉降完毕后取回测试卡检测雾滴密度并调查对玉米螟防治效果。

由表 4-10 可看出，飞行高度越低时，雾滴在玉米冠层上的沉积密度越大，飞行高度为 1m 时平均沉积密度最大，第一片叶、第三片叶、第五片叶及雌穗四个部位的最大平均沉积密度分别为 18.3、26.2、22.1 和 17.5 个/cm²，飞行高度为 2.5m 时沉积密度次之，第一片叶、第三片叶、第五片叶及雌穗四个部位的最大平均沉积密度分别为 16.1、22.7、19.3 和 15.6 个/cm²，而飞行高度为 4m 时沉积密度最小，第一片叶、第三片叶、第五片叶及雌穗四个部位的最大平均沉积密度分别为 14.6、19.1、16.8 和 13.2 个/cm²；同一高度，玉米作物不同部位的雾滴沉积情况为：第三片叶（中部）>第五片叶（下部）>第一片叶（部）>雌穗；叶片正面和反面的雾滴沉积密度有明显差异，正面雾滴密度是反面的 10 倍左右，反面几乎很少有雾滴，这不利于防治叶片背面的害虫。通过不同飞行高度下药剂对玉米螟的防治效果可以看出，单个小区飞行单个航线时 3 个飞行高度中，对玉米螟防效最好的是飞行高度为 2.5m 时，达到 80.7%；飞行高度为 1m 条件下雾滴沉积密度最大，但防治效果却最差，对玉米螟的平均防效只有 74.4%，分析原因是单个小区飞行单个航线时，飞行高度越低，喷幅越窄，虽然整体的平均雾滴密度较大，但大部分雾滴都集中沉积在小区中部，而小区内的边缘区域雾滴沉积较少或无雾滴，从而影响整个小区的平均防效；而飞行高度越高，雾滴在降落过程中越容易随风飘移，虽然喷幅变宽，但雾滴沉积密度变低，防治效果不理想。

表4-10　不同飞行高度下单旋翼植保无人飞机雾滴在玉米冠层的沉积分布和玉米螟防效

飞行高度（m）	雾滴沉积密度（个/cm²）						雌穗	防治效果（%）
	第一片叶		第三片叶		第五片叶			
	正面	反面	正面	反面	正面	反面		
1	18.3	2.5	26.2	2.2	22.1	1.9	17.5	74.4
2.5	16.1	2.3	22.7	2	19.3	1.8	15.6	80.7
4	14.6	2.2	19.1	1.8	16.8	1.6	13.2	75.0

由于植保无人飞机施药飘移的突出问题，不同的剂型会有不同的沉积特点也会对病虫害有不同的防效。从表4-11可以看出，单旋翼植保无人飞机在同样的环境条件和施药参数（高度、速度、施药液量、药剂有效成分含量）下，喷施超低容量液剂喷雾雾滴在玉米冠层正面、反面和雌穗的雾滴密度分别为19.4、2.0和15.6均大于单旋翼植保无人飞机喷施毒死蜱乳油时的雾滴在玉米冠层正面、反面和雌穗的雾滴密度（14.7、1.6和10.1），同样，单旋翼植保无人飞机喷施毒死蜱超低容量液剂对玉米螟的防效为80.7%，大于喷施毒死蜱乳油时的防治效果（69.1%）。

表4-11　单旋翼植保无人飞机喷施不同剂型雾滴在玉米冠层的沉积分布和玉米螟防效

剂型	雾滴沉积密度（个/cm²）			防效（%）
	叶正面	叶反面	雌穗	
毒死蜱乳油	14.7	1.6	10.1	69.1
毒死蜱ULV	19.4	2.0	15.6	80.7

2. 多旋翼植保无人飞机喷雾雾滴在玉米植株冠层的沉积分布

植保无人飞机为8旋翼植保无人飞机，4个Teejet XR11001号喷头。施药时环境温度26~35℃；相对湿度43%~57%；风速0.2~1.0m/s。玉米处于灌浆期高度为2.3~2.6m。

喷雾开始前，划分各处理小区，在每个小区垂直于喷雾方向在玉米植株上、中、下层各用订书机固定卡罗米特纸卡一张，如图4-11所示。在垂直于喷雾器械行进方向布置三排雾滴采集卡（每排6组），每组雾滴采集卡之间的距离1m，每排之间间隔10m（图4-12），每个处理设三个重复。喷雾结束后，待纸卡上雾滴自然晾干，收集各个处理的卡罗米特纸与滤纸，置于自封袋中，测定雾滴密度和沉积量。喷雾时八旋翼植保无人飞机的飞行高度为 2m，飞行速度分别设定为 4m/s 和 6m/s，施药液量设定为 15 L/hm²、22.5 L/hm² 和 30 L/hm²，并同时测定助剂添加对雾滴沉积的影响。

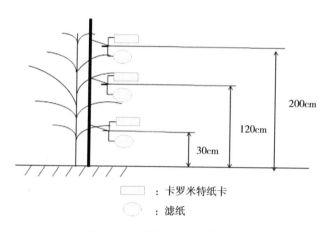

图 4-11　雾滴测试卡布置示意

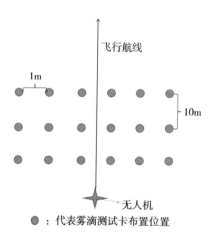

图 4-12　无人飞机飞行航线及雾滴测试卡布置

如表 4-12 所示，8 旋翼植保无人飞机在不添加助剂、施药量为 15L/hm² 且飞行速度为 4m/s 时喷雾，雾滴在玉米冠层上、中和下层的雾滴密度分别为 8.8、5.5 和 2.8 个/cm²；同样施药条件在药液体系中添加 1% 助剂，其雾滴在玉米冠层上、中和下层的雾滴密度分别为 14.6、10.5 和 9.6 个/cm²；因此说明添加合适的飞防助剂有助于植保无人飞机喷雾雾滴在玉米冠层上的沉积。植保无人飞机在玉米田的广泛应用中，也逐渐证明了植保无人飞机飞防作业中添加喷雾助剂的必要性。

在均添加喷雾助剂的情况下，8 旋翼植保无人飞机在飞行速度为 4m/s，施药量分别为 15L/hm²、22.5L/hm² 和 30L/hm² 时喷雾，雾滴在玉米冠层上、中和下层的雾滴密度分别为 15L/hm² 时为 14.6、10.5 和 9.6 个/cm²；22.5L/hm² 时17.6、14.0 和 11.7 个/cm²；30L/hm² 时 18.4、15.4 和 8.3 个/cm²。在飞行速度为 6m/s，施药量分别为 15L/hm²、22.5L/hm² 和 30L/hm² 时喷雾，雾滴在玉米冠层上、中和下层的雾滴密度分别为 15L/hm² 时为 11.2、6.8 和 4.2 个/cm²；22.5L/hm² 时 16.7、14.3 和 11.8 个/cm²；30L/hm² 时 16.6、15.2 和 7.1 个/cm²；雾滴在玉米冠层上、中和下层的雾滴密度随着施药液量的增加而增加，且从上层到下层逐渐衰减。

在均添加喷雾助剂的情况下，8 旋翼植保无人飞机在施药量为 15L/hm² 且飞行速度为 4m/s 和 6m/s 时喷雾，雾滴在玉米冠层上、中和下层的雾滴密度分别为：4m/s 时为 14.6、10.5 和 9.6 个/cm²，6m/s 时为 11.2、6.8 和 4.2 个/cm²；在施药量为 22.5L/hm² 且飞行速度为 4m/s 和 6m/s 时喷雾，雾滴在玉米冠层上、中和下层的雾滴密度分别为 4m/s 时为 17.6、14.0 和 11.7 个/cm²，6m/s 时为 16.7、14.3 和 11.8 个/cm²；在施药量为 30L/hm² 且飞行速度为 4m/s 和 6m/s 时喷雾，雾滴在玉米冠层上、中和下层的雾滴密度分别为：4m/s 时为 18.4、15.4 和 8.3 个/cm²，6m/s 时为 16.6、15.2 和 7.1 个/cm²；雾滴在玉米冠层上、中和下层的雾滴密度随着飞行速度的增加而减少，且从上层到下层逐渐衰减。

表 4-12　不同施药参数下 8 旋翼植保无人飞机喷雾雾滴在玉米冠层的沉积分布

飞行速度 (m/s)	施药液量 (L/hm²)	助剂量 (%)	雾滴沉积密度 （个/cm²）		
			上层	中层	下层
4	15	0	8.8 (1.3) b	5.5 (0.9) c	2.8 (0.2) c
4	15	1	14.6 (3.5) ab	10.5 (3.3) abc	9.6 (1.7) a
6	15	1	11.2 (0.9) ab	6.8 (1.5) bc	4.2 (0.8) bc

（续表）

飞行速度（m/s）	施药液量（L/hm²）	助剂量（%）	雾滴沉积密度（个/cm²）		
			上层	中层	下层
4	22.5	1	17.6（4.3）a	14.0（3.9）ab	11.7（4.4）a
6	22.5	1	16.7（3.9）a	14.3（5.9）ab	11.8（4.3）a
4	30	1	18.4（4.3）a	15.4（6.3）a	8.3（2.6）ab
6	30	1	16.6（5.4）a	15.2（4.4）a	7.1（1.8）abc

表中数据为平均值（标准差），同一列数据后的小写字母表示经 Duncan 新复极差法检验在 $P<0.05$ 水平的差异显著性。

三、不同施药机械在玉米田喷雾质量比较

植保无人飞机作为低空高工效施药机械在玉米田病虫草害防治中发挥了积极的作用，然而植保无人飞机和地面高工效施药机械在玉米田喷雾存在哪些异同，是植保机械使用者亟待了解的内容。

中国农业科学院植物保护研究所研究了不同植保机械在玉米中后期喷雾雾滴在冠层的沉积分布情况和沉积利用率差异。

试验选取背负式电动低量喷杆喷雾机和自走式喷杆喷雾机和 6 旋翼植保无人飞机；试验时环境温度 25~27℃，相对湿度 52%~57%，风速 1.0~2.0m/s；玉米处于成熟期，品种为天塔 619；株高 2.3~2.7m。

喷雾开始前，划分各处理小区，在每个小区垂直于喷雾方向在玉米植株上、中、下层各用订书机固定卡罗米特纸卡一张，如前图 4-3 所示。在垂直于喷雾器械行进方向布置三排雾滴采集卡（每排 6 组），每组雾滴采集卡之间的距离 1m，每排之间间隔 10m（图 4-4），每个处理设三个重复。喷雾结束后，待纸卡上雾滴自然晾干，收集各个处理的卡罗米特纸与滤纸，置于自封袋中，测定雾滴密度和沉积量。喷雾时，三种植保机械喷施药剂量相同，用水量分别为 75L/hm²、450L/hm² 和 22.5L/hm²。

不同植保机械喷雾后雾滴在玉米冠层的覆盖度：如表 4-13 所示，背负式喷杆喷雾机喷雾在玉米冠层上层、中层和下层的覆盖度分别为 2.11%、2.19% 和 0.52%；自走式喷杆喷雾机喷雾在玉米冠层上层、中层和下层的覆盖度分别为

2.48%、1.28%和0.65%；6旋翼植保无人飞机喷雾在玉米冠层上层、中层和下层的覆盖度分别为2.53%、1.43%和0.67%。背负式喷杆喷雾机及自走式喷杆喷雾机作业时，作业高度低于玉米高度，而且高度很大程度取决于施药人员的操作，导致雾滴在纸卡上层的覆盖度较低。

表4-13 不同植保机械喷雾后雾滴在玉米冠层的覆盖度

植保机械	雾滴覆盖度（%）		
	上层	中层	下层
背负式喷杆喷雾机	2.11（±0.49）	2.19（±0.58）	0.52（±0.27）
自走式喷杆喷雾机	2.48（±0.48）	1.28（±0.53）	0.65（±0.25）
6旋翼植保无人飞机	2.53（±0.76）	1.43（±0.39）	0.67（±0.24）

不同植保机械喷雾后雾滴在玉米冠层的雾滴密度：如表4-14所示，背负式喷杆喷雾机喷雾在玉米冠层上层、中层和下层的雾滴密度分别为57.45个/cm^2、37.25个/cm^{2}和14.80个/cm^2。自走式喷杆喷雾机喷雾在玉米冠层上层、中层和下层的雾滴密度分别为55.72个/cm^2、46.89个/cm^{2}和23.65个/cm^2；6旋翼植保无人飞机喷雾在玉米冠层上层、中层和下层的雾滴密度分别为49.56个/cm^2、25.34个/cm^{2}和12.22个/cm^2。

表4-14 不同植保机械喷雾后雾滴在玉米冠层的雾滴密度

植保机械	雾滴密度（个/cm^2）		
	上层	中层	下层
背负式喷杆喷雾机	57.45（±19.2）	37.25（±18.65）	14.80（±4.33）
自走式喷杆喷雾机	55.72（±26.96）	46.89（±12.32）	23.65（±12.39）
6旋翼植保无人飞机	49.56（±15.34）	25.34（±7.38）	12.22（±2.18）

不同植保机械喷雾后在玉米田的农药沉积利用率：如表4-15所示，背负式喷杆喷雾机在玉米田喷雾后的农药沉积利用率为60.5%，标准差为15.8；自走式喷杆喷雾机喷雾后的农药沉积利用率为60.9%，标准差为20.26；6旋翼植保无人飞机在玉米田喷雾后的农药沉积利用率为61.02%，标准差为13.96；这三种植保机械都是目前玉米田常用的高工效植保机械，从试验结果来看三种植保机械的沉积率用率相当，然而，植保无人飞机较背负式喷杆喷雾机以及自走式喷杆

喷雾机的施药量低，且植保无人飞机的作业效率更高，对人体的暴露更少，施药作业时对人体的为害更小。

表 4-15　不同植保机械喷雾后在玉米田的农药沉积利用率

植保机械	背负式喷杆喷雾机	自走式喷杆喷雾机	6 旋翼植保无人飞机
沉积利用率（%）	60.5（±15.8）	60.9（±20.26）	61.02（±13.96）

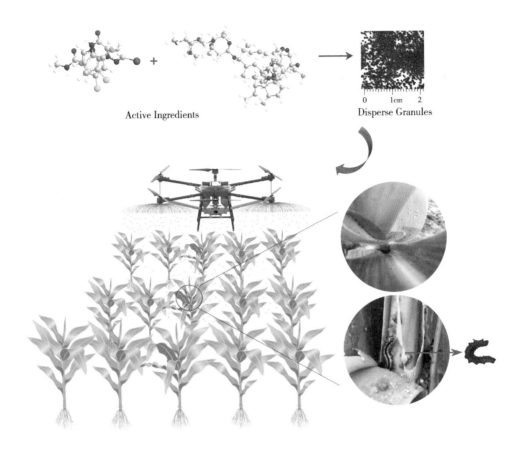

Active Ingredients　　　　　　　　　　Disperse Granules

0　　1cm　　2

草地贪夜蛾防治技术示意图

第五章　草地贪夜蛾的化学防治与施药技术

草地贪夜蛾 *Spodoptera frugiperda*（J. E. Smith）属鳞翅目（Lepidoptera）夜蛾科（Noctuidae），又名秋黏虫，原生于美洲热带和亚热带地区，2016 年 1 月入侵西非地区后，很快蔓延到撒哈拉以南的 44 个国家。2018 年 5 月草地贪夜蛾侵入印度，2018 年 12 月 11 日从缅甸迁入中国，到 2019 年 10 月已扩散至 26 个省（市、自治区）。草地贪夜蛾是最具破坏性的玉米害虫之一，草地贪夜蛾入侵后对非洲和亚洲许多国家的玉米等农作物生产造成了重大影响。联合国粮农组织（FAO）对 12 个非洲国家评估表明，草地贪夜蛾 2018 年为害玉米损失达 1 770 万 t，相当于数千万人一年的口粮。基于草地贪夜蛾对全球粮食安全的威胁，FAO 于 2019 年 12 月发起全球草地贪夜蛾防控行动，旨在动员组织各方力量，建立全球合作机制，有效控制草地贪夜蛾的发生为害和降低向新地区的扩散风险。

一、草地贪夜蛾的生物学习性

草地贪夜蛾具有"能吃""能生""能飞""抗药性高"等特点，草地贪夜蛾属于杂食性害虫，幼虫可以取食 76 科 350 多种植物，包括玉米、水稻、高粱、小麦、甘蔗、大麦、稗草、早熟禾等 106 种禾本科植物，向日葵、金盏菊、除虫菊、红花、小飞蓬、鬼针草等 31 种菊科植物，花生、豌豆、紫花苜蓿、黑荆、刀豆、黄香草、木樨、紫藤等 31 种豆科植物，苋菜、菠菜、甜菜、藜等 13 种苋科、藜科植物。草地贪夜蛾可分为"玉米型"和"水稻型"。"玉米型"主要为害玉米、棉花和高粱等植物，"水稻型"主要为害水稻和各种牧草。分子鉴定表明，入侵我国的草地贪夜蛾种群为来自美国东南部佛罗里达一带的"玉米型"。入侵我国后主要为害玉米、高粱、甘蔗、谷子、小麦、大麦、薏米、花生、大豆、向日葵、生姜、竹芋、马铃薯、油菜、辣椒和甘蓝等植物，以及马唐、牛筋草、苏丹草等禾本科杂草。而且，草地贪夜蛾食量十分惊人，初孵幼虫聚集为害，可以吐丝随风迁移扩散至周围植株。除了取食叶片，草地贪夜蛾还可以取食玉米茎、雄穗、雌穗等鲜嫩部位。高龄幼虫食量尤其可怕，一旦成灾，可造成玉米减产50%以上，严重时可致绝收，堪称"玉米克星"。草地贪夜蛾定殖繁衍效率极高，无滞育现象，30d左右即可完成一个世代，且雌雄成虫比例高，雌虫寿命长，适应温度范围广，可多次交配，单头雌虫每次可产卵100~200粒，平均一生可产卵1 500粒，最高可达2 000粒，通常以卵块形式将卵产在叶背面。因此，杀死1头未产卵的成虫，相当于保护了667m²的作物。草地贪夜蛾成虫飞行能力强，借助气流一夜能飞100km，雌虫产卵前可飞500km，在季风的加持下，甚至可以乘风远距离跨洲际飞行。而且经历了百年的化学防治历史，草地贪夜蛾已经对传统的有机磷类、氨基甲酸酯类、有机氯类、拟除虫菊酯类等多种杀虫剂产生了很高的抗药性。因此，传统的杀虫剂很难对其进行有效防控。

二、草地贪夜蛾对小麦的为害风险

入侵我国云南省的草地贪夜蛾大部分为玉米型，其能够为害玉米、甘蔗、高粱、皇竹草、荞麦、菜豆、薏米等作物。据报道，云南和广东草地贪夜蛾分别能够在烟草和水稻上完成生活史，但其适合度显著低于在玉米上的草地贪夜蛾。这与科研人员在广西南宁田间观察到草地贪夜蛾为害玉米而不为害水稻的现象一致。表明玉米是草地贪夜蛾"优先偏爱"的为害对象，当缺乏玉米时，草地贪夜蛾便会转移为害其他作物。监测草地贪夜蛾在我国的发生，发现小麦主要产区都有草地贪夜蛾的分布。而且，迁飞性害虫草地贪夜蛾能够在小麦主产区全年或春、夏、秋季节性发生，且其温度耐受范围广，因此，草地贪夜蛾对我国小麦的为害风险也是迫切需要明确的科学问题之一。

通过研究草地贪夜蛾幼虫在玉米和小麦上的存活率，发现草地贪夜蛾1龄幼虫能够在玉米和小麦上存活，且存活率高达90%以上，分别为93.33%和96.67%，差异不显著。

草地贪夜蛾2~4龄幼虫活动性大，易发生转移为害。科研人员观察了草地贪夜蛾2龄、3龄和4龄幼虫对小麦和玉米的取食选择性。表5-1为不同龄期草地贪夜蛾幼虫对玉米和小麦的取食选择性结果，结果显示2龄、3龄和4龄幼虫对玉米和小麦的取食概率没有显著差异，说明草地贪夜蛾幼虫对玉米和小麦没有明显的取食偏好性。

表 5-1　不同龄期草地贪夜蛾幼虫对玉米和小麦的取食选择性

寄主	取食选择率%		
	2 龄	3 龄	4 龄
小麦	（56.02±3.62）a	（47.22±2.78）a	（48.15±1.85）a
玉米	（44.81±2.89）a	（52.78±2.78）a	（51.85±1.85）a
P-value	0.08	0.29	0.23

　　图 5-1 为采用新鲜小麦和玉米叶片饲喂草地贪夜蛾 3 龄幼虫 7d 的体重变化。如图所示，小麦和玉米饲喂的草地贪夜蛾幼虫体重每天都在成倍增加，第 7 天的体重分别为（194.09±24.43）mg 和（207.98±16.72）mg，比第 0 天（3.6±0.33）mg 和（3.9±0.17）mg 分别增加了 53.91 倍和 53.33 倍。利用 t 测验进行比较发现，小麦和玉米饲喂的草地贪夜蛾幼虫体重均没有显著差异。相比于取食玉米，取食小麦对草地贪夜蛾的生长并没有不利影响。

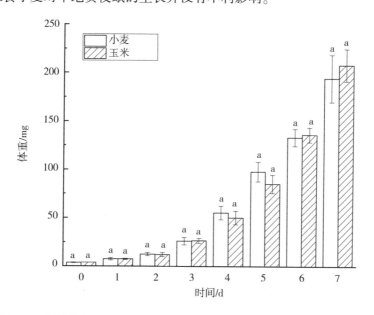

图 5-1　新鲜小麦和玉米叶片饲喂处理对草地贪夜蛾 3 龄幼虫体重的影响

图 5-2 为分别取食玉米和小麦 2、4、6、12、24h 和 48h 后，草地贪夜蛾 3 龄幼虫体内解毒酶和乙酰胆碱酯酶活性的变化。试验结果显示，取食小麦对草地贪夜蛾的谷胱甘肽 S-转移酶、多功能氧化酶和乙酰胆碱之酶均有显著影响。以取食玉米为对照，具体表现为取食小麦 4、6、12、48h，其谷胱甘肽 S-转移酶均显著升高（$P<0.05$）。多功能氧化酶在取食小麦 2h 后被显著抑制，其活性显著低于玉米处理（$P<0.05$），然而处理 48h 后，其活性显著高于玉米处理（$P<0.05$）。乙酰胆碱酯酶活性则分别在 2、4、12、24h 被显著诱导增强，其他时间小麦处理对相关酶活性的影响与玉米处理差异均不显著（$P>0.05$）。值得注意 48h 处理酶活性表明，相比饲喂玉米，饲喂小麦对草地贪夜蛾谷胱甘肽 S-转移酶和多功能氧化酶活性表现为诱导增强，而对羧酸酯酶和乙酰胆碱酯酶的活性无显著性影响。

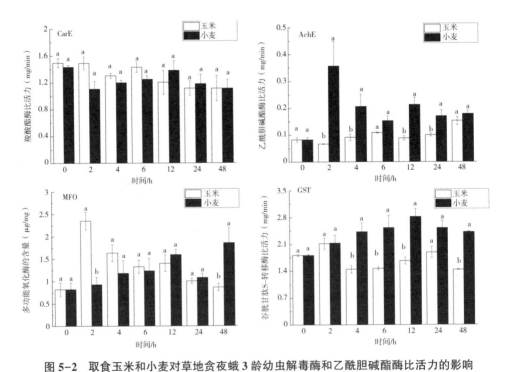

图 5-2　取食玉米和小麦对草地贪夜蛾 3 龄幼虫解毒酶和乙酰胆碱酯酶比活力的影响

国外报道，小麦是除玉米、黑麦草、高粱以外草地贪夜蛾最喜产卵的作物之一。国内科研人员研究结果显示，与取食玉米相比，草地贪夜蛾的初孵幼虫在小麦上的存活率高达90%以上，2~4龄幼虫对小麦的取食选择性也无显著差异，同时3龄幼虫取食小麦后，日均体重也没有受到显著影响，初步表明草地贪夜蛾对小麦具有为害风险。

相比取食玉米，取食小麦后对乙酰胆碱酯酶、谷胱甘肽 S-转移酶活性和多功能氧化酶活性有显著影响，尤其是取食小麦 48h 后对谷胱甘肽 S-转移酶和多功能氧化酶活性表现为诱导增强，有可能导致对杀虫剂敏感性发生变化。

第一节　草地贪夜蛾的化学防治药剂

一、国外登记防治草地贪夜蛾的杀虫剂

草地贪夜蛾是一种适应性和迁徙能力很强的农业害虫，并具有暴发为害的特点。草地贪夜蛾的防治主要依赖化学农药。在防治用药品种的选择上，由于杀虫剂防治效果、害虫抗药性发生变化，新品种和新作用机制杀虫剂的开发应用，用药品种也发生变化。在 20 世纪 80 年代以前，美洲国家防治草地贪夜蛾以有机磷、氨基甲酸酯类杀虫剂为主，主要杀虫剂品种包括敌百虫、二嗪磷、甲基对硫磷、辛硫磷、毒死蜱、硫丙磷、甲萘威、硫双灭多威等。随后拟除虫菊酯类杀虫剂得到了广泛使用，如氯菊酯、氯氰菊酯、溴氰菊酯、高效氯氟氰菊酯等。至 20 世纪 90 年代中后期，在美洲特别是美国推广种植表达苏云金杆菌 *Bacillus thuringiensis*（Bt）杀虫蛋白的转基因玉米等作物后，显著减少了防治草地贪夜蛾的杀虫剂的用量，据统计杀虫剂用量可下降 47.8%。近年来，随着草地贪夜蛾的扩散和多种新型杀虫剂的开发应用，在该害虫发生为害比较严重的地区，一系列杀虫剂新品种在草地贪夜蛾的防治上发挥了突出的作用，如甲氨基阿维菌素苯甲酸盐、乙基多杀菌素、除虫脲、虱螨脲、茚虫威、氯虫苯甲酰胺、氟苯虫酰胺、溴氰虫酰胺等。目前，非洲登记防治草地贪夜蛾的杀虫剂品种见表 5-2。纵览世界上草地贪夜蛾的防治历史，不重视其暴发为害的特点，防治措施不及时得力，极有可能造成重大损失。而重视其发生为害，并根据该害虫暴发为害的特点，科学选择杀虫剂品种，及时进行药剂防治，将大幅度降低其发生为害。

表5-2 非洲登记用于防治草地贪夜蛾的杀虫剂

有效成分	类　　型	登记作物
灭多威	触杀、胃毒和内吸	十字花科（卷心菜、西兰花、花椰菜和甘蓝），玉米，烟草，高粱，小麦，羽扇豆，苜蓿，牧草
毒死蜱	触杀和胃毒	玉米，牧草，土豆
马拉硫磷	触杀、胃毒和熏蒸	十字花科（卷心菜、西兰花、花椰菜和球芽甘蓝），高粱，花生，玉米，棉花，甘蔗
丁硫克百威	触杀和胃毒	玉米
β-氯氰菊酯	触杀和胃毒	玉米，高粱，甜玉米，小麦，番茄，豌豆，羽扇豆，苜蓿，花生和十字花科植物（卷心菜、西兰花、花椰菜和甘蓝）
杀螟丹盐酸盐	触杀和内吸	大麦，卷心菜，油菜，玉米，洋葱，马铃薯，高粱，大豆，甘蔗，向日葵，甜玉米和小麦
乙基多杀菌素	触杀和胃毒	十字花科（卷心菜、西兰花、花椰菜和甘蓝），玉米，甜玉米和高粱
甲氨基阿维菌素苯甲酸盐	胃毒和触杀	十字花科（卷心菜、西兰花、花椰菜和甘蓝），玉米，甜玉米，马铃薯和高粱
苏云金芽孢杆菌	胃毒	十字花科（卷心菜、西兰花、花椰菜和甘蓝），大麦，棉花，玉米，高粱，大豆和小麦
球孢白僵菌	触杀	十字花科（卷心菜、西兰花、花椰菜和甘蓝），玉米，甜玉米，大豆，番茄和高粱
苏云金芽孢杆菌	胃毒	玉米和甜玉米
虱螨脲	胃毒和触杀	大麦，豆类，干豆，十字花科（卷心菜、西兰花、花椰菜和球芽甘蓝），花生，玉米，豌豆，甜玉米，向日葵，大豆，高粱，马铃薯和小麦
除虫脲	胃毒和触杀	玉米，甜玉米和马铃薯
茚虫威	胃毒和触杀剂	棉花，生菜，玉米，辣椒，高粱，大豆，甜玉米，马铃薯，牧草和甘蔗；十字花科（卷心菜、西兰花、花椰菜和甘蓝）
氯虫苯甲酰胺	胃毒、触杀和内吸	棉花，玉米，高粱，甜玉米，甘蔗和马铃薯
氟苯虫酰胺	胃毒和触杀	菊苣，生菜，玉米，菠菜和玉米
三氟甲吡醚	胃毒和触杀	玉米和甜玉米

二、我国草地贪夜蛾应急防治药剂

我国针对草地贪夜蛾的发生为害，主要采取的措施是应急化学防治。面对入侵我国的草地贪夜蛾防控需求，我国充分发挥了制度、科技和资源优势，国家决策部门根据我国农药管理条例精神，在没有登记药剂的紧急情况下，会同管理、科研、生产应用部门，2019 年公布了 25 种草地贪夜蛾应急防治用药推荐名单，尽管草地贪夜蛾迅速扩散到全国 26 个省市区，但是在草地贪夜蛾防控中充分发挥了化学农药杀虫速度快、使用简便、适用范围广等优势，有效的控制了该害虫的为害，特别是保证了我国玉米主产区的粮食生产安全。根据 2019 年各地草地贪夜蛾防治药剂使用及防治效果调查，经农业农村部组织专家评估，2020 年将我国草地贪夜蛾应急防治用药优化调整为 28 种（表 5-3），其中农药单剂 8 种，生物制剂 6 种，复配制剂 14 种。同时，国内相关科研人员和农药生产企业配合国家对草地贪夜蛾的防治需求，开展了大量的室内活性筛选和主要发生区云南、广西、广东、海南等地的玉米田草地贪夜蛾田间药效试验研究工作，为田间用药提供了依据。

表 5-3　草地贪夜蛾应急防治药剂

药剂类型	药剂名单
化学单剂	甲氨基阿维菌素苯甲酸盐、茚虫威、四氯虫酰胺、氯虫苯甲酰胺、虱螨脲、虫螨腈、乙基多杀菌素、氟苯虫酰胺
生物制剂	甘蓝夜蛾核型多角体病毒、苏云金杆菌、金龟子绿僵菌、球孢白僵菌、短稳杆菌、草地贪夜蛾性引诱剂
复配制剂	甲维盐·茚虫威、甲维盐·氟铃脲、甲维盐·高效氯氟氰菊酯、甲维盐·虫螨腈、甲维盐·虱螨脲、甲维盐·虫酰肼、氯虫苯甲酰胺·高效氯氟氰菊酯、除虫脲·高效氯氟氰菊酯、氟铃脲·茚虫威、甲维盐·甲氧虫酰胺、氯虫苯甲酰胺、阿维菌素·甲维盐·杀铃脲、氟苯虫酰胺·甲维盐、甲氧虫酰肼·茚虫威

与国外防治药剂的历史变迁相比，我国在杀虫剂品种的选择上主要存在两个特点，一是草地贪夜蛾属于迁入虫源，本身存在对传统有机磷、氨基甲酸酯、菊酯类杀虫剂的抗药性问题，限制了常规杀虫剂的选择机会；二是在农药市场上存在多种新型杀虫剂品种可供使用，如表 5-2 中的甲氨基阿维菌素苯甲酸盐、氯虫苯甲酰胺、茚虫威、虱螨脲、乙基多杀菌素等。这决定了我国防治草地贪夜蛾的

杀虫剂使用起点很高，但也预示一旦出现草地贪夜蛾对新型杀虫剂比较严重的抗性问题时，所面临的挑战也将更加棘手，需要及时关注。

2019 年在国内实际防治工作中也存在一些问题，由于草地贪夜蛾的暴发为害，许多地方的科技宣传和用药指导不一定及时到位，导致很多生产者在田间作业时对农药使用不及时，或存在高频率和超量使用农药的现象。

三、杀虫剂对草地贪夜蛾的杀卵活性

国外关于药剂对草地贪夜蛾杀卵活性的研究表明，苯氧威、拟除虫菊酯类杀虫剂对草地贪夜蛾均具有较好的杀卵活性。目前国内关于此类的文章较少，因此科研人员采用浸卵法测定了氨基甲酸酯类、苯甲酰脲类和其他种类共计 14 种杀虫剂对草地贪夜蛾的杀卵活性，以期为降低草地贪夜蛾的虫口基数和早期田间防治提供参考。

结果表明，100mg/L 剂量下，杀卵活性从大到小排列顺序分别为：苯氧威>灭多威>吡丙醚>除虫脲>溴氰虫酰胺>氟铃脲>硫双威>氟虫脲>甲维盐，其校正杀卵活性均在 70% 以上（表 5-4），因此以上几种药剂适合草地贪夜蛾卵的防治。苯氧威，灭多威对草地贪夜蛾杀卵活性高达 100%，显著高于其他药剂，同时，吡丙醚，除虫脲，溴氰虫酰胺，氟铃脲和硫双威杀卵活性在 70%~90%。甲氧虫酰肼的对草地贪夜蛾的杀卵活性最差，校正死亡率仅为 25.00%±2.89%。氟酰脲为所选的苯甲酰脲类中杀卵活性最低的药剂，仅为 42.12%±9.13%；丁硫克百威是氨基甲酸酯类中杀卵活性最低的药剂。茚虫威是一种杀虫作用机制新颖的新型杀虫剂，对鳞翅目害虫的幼虫具有良好的杀虫效果，本实验测定结果表明其在 100mg/L 浓度下对草地贪夜蛾具有较好的杀卵活性，达 52.38%±6.25%。

部分杀虫剂在 10mg/L 低浓度对草地贪夜蛾卵仍具有一定的杀卵活性。其中苯氧威在 14 个杀虫剂中杀卵活性最好，在 10mg/L 剂量下仍能完全抑制卵的孵化，溴氰虫酰胺，吡丙醚，除虫脲和甲维盐的杀卵活性介于 50%~70%，其他杀虫剂杀卵活性介于 20%~50%。相比高浓度 100mg/L 剂量处理，低浓度 10mg/L 剂量处理的杀卵活性均有所下降。其中灭多威和氟虫脲下降最为明显，校正死亡率从 100% 和 73.33% 分别下降到 46.67% 和 22.42%。甲氧虫酰肼在两个处理浓度下对草地贪夜蛾的杀卵活性均不高于 30%，故不建议作为防治草地贪夜蛾的杀卵剂使用。

表 5-4　杀虫剂对草地贪夜蛾的杀卵活性

杀虫剂类型	杀虫剂	校正死亡率±标准误（%）	
		100mg/L	10mg/L
苯甲酰脲类	除虫脲	90.00±6.27 abc	56.58±6.58 bc
	氟铃脲	84.85±3.40 abcd	38.89±5.56 cd
	氟虫脲	73.33±3.33 cd	22.42±2.42 d
	双三氟虫脲	50.00±5.77 e	33.33±6.67 cd
	氟酰脲	42.12±9.13 ef	26.67±3.33 d
双酰肼类	甲氧虫酰肼	25.00±2.89 f	23.33±12.02 d
苯醚类	吡丙醚	96.67±3.33 ab	60.00±15.28 bc
二酰胺类	溴氰虫酰胺	90.00±5.77 abc	66.67±6.67 b
大环内酯类	甲维盐	71.67±6.01 cd	55.00±14.53 bc
氨基甲酸酯类	苯氧威	100.00±0.00 a	100.00±0.00 a
	灭多威	100.00±0.00 a	46.67±6.67 bcd
	硫双威	78.94±2.04 bcd	46.67±6.67 bcd
	茚虫威	52.38±6.25 e	36.67±6.67 cd
	丁硫克百威	40.00±5.77 ef	26.25±3.75 d

进而又通过探究 20 种杀虫剂在 100mg/L 下对草地贪夜蛾的杀卵活性。溴氰菊酯、高效氯氰菊酯和乙基多杀菌素能够完全抑制卵的孵化，噻虫胺的杀卵活性高达 98.52%，显著高于其他药剂。氯虫苯甲酰胺、高效氯氟氰菊酯、多杀霉素、联苯菊酯、噻虫啉、氧乐果、噻虫嗪、甲氰菊酯、烯啶虫胺和啶虫脒的杀卵活性依次降低，杀卵活性在 70.95% ~ 94.23%。其中，有机磷类杀虫剂氧乐果（85.89%±7.14%）的杀卵活性显著高于毒死蜱（61.51%±13.88%）和辛硫磷（59.97%±4.58%）；拟除虫菊酯类、新烟碱类（除吡虫啉之外）和多杀霉素类杀虫剂对草地贪夜蛾卵均具有较好的杀卵活性，为 70.95%~100%。氯虫苯甲酰胺也表现出较高的杀卵活性，达 94.23%。杀虫单、杀虫双和溴虫腈对草地贪夜蛾的杀卵活性比较差，均低于 50%，尤其是杀虫双的校正死亡率仅为 7.62%±11.55%（表 5-5）。

20 种杀虫剂在 10mg/L 浓度下对草地贪夜蛾的杀卵活性表现为：新烟碱类的噻虫胺和噻虫啉的杀卵活性分别为 76.91% 和 72.44%，乙基多杀菌素的为

73.16%±11.11%。表明以上 3 种药剂在 10mg/L 低浓度下仍然对草地贪夜蛾具有较好的杀卵活性。多杀霉素、氧乐果、溴氰菊酯、氯虫苯甲酰胺、啶虫脒、噻虫嗪和联苯菊酯的杀卵活性依次降低，其校正死亡率介于 40.36%～60.84%。相比 100mg/L，10mg/L 下各杀虫剂的杀卵活性均有所下降。其中高效氯氰菊酯和烯啶虫胺下降最明显，校正死亡率从 100% 和 75.19% 分别下降到 27.54% 和 6.92%。但新烟碱类杀虫剂噻虫胺和噻虫啉在 10mg/L 浓度处理下仍表现出优异的杀卵活性，校正死亡率分别为 76.91% 和 72.44%（表 5-5）。

表 5-5 20 种杀虫剂对草地贪夜蛾的杀卵活性

杀虫剂类型	杀虫剂	校正死亡率±标准误（%）	
		100mg/L	10mg/L
有机磷类	氧乐果	（85.89±7.14）abc	（56.56±10.45）abcd
	毒死蜱	（61.51±13.88）cde	（8.38±9.83）g
	辛硫磷	（59.97±4.58）de	（29.48±9.63）cdefg
拟除虫菊酯类	溴氰菊酯	（100.00±0.00）a	（51.24±4.72）abcde
	高效氯氰菊酯	（100.00±0.00）a	（27.54±9.40）defg
	高效氯氟氰菊酯	（92.28±3.86）ab	（30.54±6.68）cdefg
	联苯菊酯	（89.48±10.52）ab	（40.36±1.75）cdef
	甲氰菊酯	（78.25±12.17）abcd	（31.18±0.64）cdefg
新烟碱类	噻虫胺	（98.52±1.48）a	（76.91±11.55）a
	噻虫啉	（89.37±5.32）ab	（72.44±7.96）ab
	噻虫嗪	（78.26±1.36）abcd	（41.21±18.34）cdef
	烯啶虫胺	（75.19±10.00）abcd	（6.92±0.70）g
	啶虫脒	（70.95±8.84）bcd	（42.19±7.27）bcdef
	吡虫啉	（61.14±8.04）cde	（31.04±13.13）cdefg
多杀霉素类	乙基多杀菌素	（100.00±0.00）a	（73.16±11.11）ab
	多杀霉素	（91.71±4.18）ab	（60.84±16.91）abc
沙蚕毒素类	杀虫单	（42.26±11.55）e	（24.07±6.54）efg
	杀虫双	（7.62±11.55）f	（13.40±8.82）fg
二酰胺类	氯虫苯甲酰胺	（94.23±2.94）ab	（42.73±2.64）bcdef

（续表）

杀虫剂类型	杀虫剂	校正死亡率±标准误（%）	
		100mg/L	10mg/L
新型杂环类	虫螨腈	（46.05±8.20）e	（34.14±7.60）cdefg

综上所述，苯氧威、乙基多杀菌素、噻虫胺和噻虫啉可优先考虑作为草地贪夜蛾卵的防治药剂，这4种药剂在较低浓度10mg/L时，对草地贪夜蛾卵的抑制活性仍高于70%。新烟碱杀虫剂噻虫胺和噻虫啉虽然对草地贪夜蛾幼虫的毒力较低，但是可以与氯虫苯甲酰胺、溴氰虫酰胺等二酰胺类杀虫剂以及甲氨基阿维菌素苯甲酸盐、乙基多杀菌素等对幼虫具有较高杀虫活性的杀虫剂复配使用，既可延缓抗药性的发展速度，又可以兼具杀卵活性，提高田间的防治效果。

第二节　草地贪夜蛾对杀虫剂的抗药性

一、草地贪夜蛾对杀虫剂的抗性发展现状

害虫对杀虫剂的抗性是一种生物进化现象，是杀虫剂使用后存在的普遍问题。主要依赖化学农药防治其发生为害的草地贪夜蛾，也随杀虫剂的使用不断检测到对杀虫剂的抗药性问题。20世纪80年代中期，美国东南部地区普遍检测到草地贪夜蛾对甲萘威、甲基对硫磷、敌百虫的抗药性，在佛罗里达州草地贪夜蛾田间种群对灭多威的敏感性出现了明显下降。而在中、南美洲，草地贪夜蛾田间种群对甲萘威、辛硫磷、甲基对硫磷、敌百虫、灭多威出现了低到中等程度的抗药性。

截至2017年，美洲地区的草地贪夜蛾至少对29种杀虫剂产生了抗药性，主要包括氨基甲酸酯类、有机磷类、拟除虫菊酯类及苏云金芽孢杆菌 Cry1F 杀虫蛋白等。随着转 Bt 抗虫基因作物的广泛推广应用，对 Bt 蛋白抗性的报道越来越多，如 Cry1Fa、Cry1Ac 和 Cry1Ab 在波多黎各，Cry1A.105 和 Cry1F 在美国大陆，Cry1F 和 Cry1Ab 在巴西，Cry1F 在阿根廷均已经出现了草地贪夜蛾的抗药性问题。

1991年，美国佛罗里达州北部玉米田的草地贪夜蛾对常用有机磷类杀虫剂

产生了不同程度的抗性，其中，对毒死蜱、甲基对硫磷、二嗪磷、硫丙磷、敌敌畏及马拉硫磷的田间抗性在 12~271 倍，处于中到高等抗性水平；2003 年，佛罗里达州斯特拉地区的草地贪夜蛾对甲基对硫磷的抗性倍数高达 354 倍；对甲萘威的抗性已高达 562 倍；而 2007 年，佛罗里达州北部两个草地贪夜蛾种群对甲萘威的抗性分别达到了 1159 倍和 626 倍；2019 年的最新监测数据表明，美国波多黎各地区草地贪夜蛾对灭多威和硫双威的抗性倍数分别为 223 和 124 倍，均已达到高抗性水平。草地贪夜蛾对拟除虫菊酯类杀虫剂的抗性水平分别在 2~216 倍，其中对氟胺氰菊酯（fluvalinate）的抗性最高。

2012 年的报道显示，在美国波多黎各圣伊莎贝尔地区，使用氯虫苯甲酰胺、氟苯虫酰胺、多杀霉素、乙基多杀菌素、茚虫威及甲氧虫酰肼等药剂均可有效控制草地贪夜蛾。然而仅经过 6 年时间，美国波多黎各田间草地贪夜蛾种群已对多种新型作用机制杀虫剂产生了高水平抗性，如对氟苯虫酰胺产生了 500 倍抗性，对氯虫苯甲酰胺产生 160 倍抗性，对乙基多杀菌素的抗性为 14 倍，均达到中等水平抗性，此外对多杀霉素（8 倍）、甲氨基阿维菌素苯甲酸盐（7 倍）和阿维菌素（7 倍）产生了低水平抗性。

草地贪夜蛾是典型的迁飞性害虫，在我国已呈现快速暴发和向玉米主产区快速扩散为害的态势。因此，特别需要及时重视其抗药性发展动态变化，并尽早开展草地贪夜蛾抗药性治理策略的研究，以便长期有效地控制其发生为害。

二、草地贪夜蛾对杀虫剂的抗性机制

草地贪夜蛾对杀虫剂的抗性机制主要包括两个方面：即解毒代谢机制和靶标抗性机制。解毒代谢酶活性的升高是草地贪夜蛾对杀虫剂产生抗性的一个重要原因。生化研究结果表明对甲萘威（RR = 562）和甲基对硫磷（RR = 354）产生高水平抗性的草地贪夜蛾解毒代谢酶活性显著高于敏感种群。抗性草地贪夜蛾幼虫中肠中，微粒体氧化酶（环氧酶、羟化酶、亚砜酶、N-脱甲基酶和 O-脱甲基酶）和水解酶（酯酶，羧酸酯酶，β 糖苷酶）的活性分别提高 1.2 倍和 1.9 倍。抗性草地贪夜蛾幼虫脂肪体中，微粒体氧化酶（环氧酶、羟化酶、亚砜酶、N-脱甲基酶、O-脱甲基酶和 S-脱甲基酶）、谷胱甘肽 S-转移酶、水解酶（酯酶、羧酸酯酶、β 糖苷酶、羧胺酶）、还原酶（细胞色素 c 还原酶）的活性相比对敏感种群提高了 1.3~7.7 倍。细胞色素 P450 的活性升高了 2.5 倍。而且，谷胱甘肽 S-转移酶、细胞色素 P450 及羧酸酯酶基因过量表达也介导了草地贪夜蛾对毒死蜱和高效氯氟氰菊酯的抗性。此外，靶标敏感性降低是草地贪夜蛾对杀虫剂产生抗性的另一重要原因；酶动力学研究结果表明氨基甲酸酯类和有机磷类杀虫剂对田间抗性草地贪夜蛾乙酰胆碱酯酶的抑制活性降低 17~345 倍，乙酰胆碱酯酶与氨基甲酸酯类和有机磷类杀虫剂的亲和力降低，K_m 值和 V_{max} 在抗性种群中升高 2 倍以上。毒死蜱抗性草地贪夜蛾乙酰胆碱酯酶基因发生 A201S，G227A 和 F290V 氨基酸突变。高效氯氟氰菊酯抗性草地贪夜蛾电压门控钠离子通道基因存在抗性相关的 T929I，L932F 和 L1014F 氨基酸突变。此外，室内选育的对氯虫苯甲酰胺（RR=225）和氟苯虫酰胺（RR>5 400）产生高水平抗性的草地贪夜蛾，其鱼尼丁受体基因发生与抗性相关的 I4734M 氨基酸突变。

三、草地贪夜蛾对不同作用机制杀虫剂的交互抗性

采自 Puerto Rico 地区的草地贪夜蛾对 Cry1F 毒素产生了 7 717 倍的高水平抗性，同时该种群对乙酰甲胺磷产生了 19 倍的交互抗性。生化研究结果表明：碱性磷酸酶活性的降低介导了草地贪夜蛾对 Cry1F 毒素的抗性，而羧酸酯酶和谷胱甘肽 S-转移酶活性的升高介导了其对乙酰甲胺磷的抗性。从佛罗里达州北部采集的 2 个草地贪夜蛾种群对甲萘威产生了高水平抗性（分别为 626 倍和 1 159 倍），对甲基对硫磷产生了中等水平抗性（分别为 30 倍和 39 倍）。然而，这两个种群草地贪夜蛾对茚虫威不存在交互抗性。进一步研究结果表明，这两个种群的解毒代谢酶（微粒体氧化酶、谷胱甘肽 S-转移酶及酯酶）活性显著升高，但这些解毒代谢酶活性的升高并没有诱导其对茚虫威抗性。类似的研究结果发现：对茚虫威产生 100 倍抗性的果蝇对菊酯类、有机磷类、氨基甲酸酯类及氯代烃类杀虫剂仅表现为低水平抗性。而且，对氯菊酯产生高水平抗性（RR=987）的小菜蛾对茚虫威也不存在交互抗性。因此，茚虫威作为一种作用机制独特的杀虫剂可以与有机磷类、氨基甲酸酯类和拟除虫菊酯类杀虫剂轮换使用，从而延缓草地贪夜蛾抗性的发展速度。

四、雾滴粒径对草地贪夜蛾抗药性发展的影响

杀虫剂雾滴粒径对草地贪夜蛾的抗性发展速度有重要影响。不同的施药器械

（不同粒径的喷头）会产生不同粒径的雾滴，雾滴粒径将直接影响雾滴在作物冠层的沉积和分布，从而影响杀虫剂的效果以及害虫对杀虫剂抗性的发展速度。研究结果表明，在大雾滴和小雾滴两种施药方式下，草地贪夜蛾均会对氯氰菊酯产生抗性，但是在大雾滴沉积模式下抗性发生速度显著高于小雾滴。因为小雾滴的沉积覆盖度和均匀度高于大雾滴，在作物叶面上有效成分的沉积量高于大雾滴。而且，雾滴的分布会影响害虫的运动和取食行为，杀虫剂分布不均匀时，部分个体接触到的杀虫剂会更少；Al-Sarar 等的研究结果表明，小雾滴施药，草地贪夜蛾幼虫会移动到叶片的边缘，取食面积小，仅在叶片上留下小洞。而大雾滴沉积模式下，草地贪夜蛾幼虫会待在某个地方持续取食，取食面积大。同样，Adams 等发现，均匀大小的氯菊酯雾滴对小菜蛾取食的抑制能力更强。所以小雾滴沉积模式下，幼虫通过取食将接触到致死剂量的药剂，而大雾滴沉积模式，幼虫可能接触到亚致死剂量的药剂，从而诱导害虫的多基因抗性。

五、化学杀虫剂与生物杀虫剂对草地贪夜蛾协同增效作用

岛甲腹茧蜂 Chelonus insularis 是一种可以寄生草地贪夜蛾的重要寄生蜂。被岛甲腹茧蜂寄生的草地贪夜蛾 2 龄幼虫对毒死蜱的敏感性提高了 3.93 倍，对灭多威的敏感性提高了 3.71 倍、对氯氰菊酯的敏感性提高了 14.11 倍，而岛甲腹茧蜂寄生对苏云金芽孢杆菌的毒力影响较小。这种增效作用可能是由于天敌寄生对寄主幼虫的削弱作用导致其解毒代谢酶活性降低。因此，岛甲腹茧蜂可以与灭多威、氯氰菊酯等杀虫剂复配使用，从而起到协同增效、减少杀虫剂用量的目的。此外，当乙基毒死蜱和多杀霉素与球孢白僵菌 Beauveria bassiana 和金龟子绿僵菌 Metarhizium anisopliae 同时使用时，可以显著提高两种菌的性能。当两种真菌单独使用时，<1%的幼虫虫体内会有真菌孢子形成，而与毒死蜱和多杀霉素同时使用时，分别有 31%～47%的幼虫会形成真菌孢子，分别有 68%和 93%的死虫中会形成真菌孢子。同时，当球孢白僵菌（Bb88）与多杀霉素同时使用时，可以将多杀霉素的致死率提高 34%；然而，当球孢白僵菌（Bb88）与毒死蜱同时使用或先于毒死蜱使用，或者绿僵菌先于毒死蜱使用时，会使幼虫的死亡率分别降低 31%、27%和 19%。因此，当杀虫剂与虫生真菌同时使用防治草地贪夜蛾时应当注意使用的次序，从而起到协同增效的目的。

第三节 不同施药技术对草地贪夜蛾防治效果

种子包衣省时省力，是防治草地贪夜蛾的重要措施，内吸性杀虫剂种子处理可以对玉米、高粱、大豆等作物苗期草地贪夜蛾起到持续控制作用。美国在20世纪60年代即开始拌种防治大豆草地贪夜蛾。室内试验结果表明，采用75%克百威可湿性粉剂以有效用量125g·ai/kg·seed剂量下拌种大豆种子，播种2周和3周后对草地贪夜蛾防治效果分别可以达到88.9%和96.9%。随着鱼尼丁受体抑制剂的问世，氯虫苯甲酰胺和溴氰虫酰胺也可以通过种子包衣防治草地贪夜蛾。但这两种药剂通过种子包衣对草地贪夜蛾防治效果发挥较慢。用氯虫苯甲酰胺65.4g·ai/hm²、溴氰虫酰胺8.99g·ai/hm²拌种，大豆苗接虫后1d，氯虫苯甲酰胺和溴氰虫酰胺处理均对草地贪夜蛾没有影响；接虫后2~3d，氯虫苯甲酰胺处理可以有效减少草地贪夜蛾虫口数量，但溴氰虫酰胺处理对虫口数量没有影响；接虫后4d，氯虫苯甲酰胺处理对草地贪夜蛾防治效果为80%，溴氰虫酰胺处理防治效果为50%。此外，黑刺益蝽*Podisus nigrispinus*是草地贪夜蛾捕食性天敌，氯虫苯甲酰胺等种子包衣对黑刺益蝽影响较小，有利于保护天敌。研究还发现，常用的新烟碱类杀虫剂种子包衣对草地贪夜蛾无效。

在玉米3~5叶期，草地贪夜蛾以2~3龄幼虫为主时，以低容量喷雾（150kg/hm²）代替常规容量喷雾（450~675kg/hm²），评价了10种杀虫剂对玉米田草地贪夜蛾的防治效果。结果表明，5%甲氨基阿维菌素苯甲酸盐乳油（有效成分用量27.6g/hm²）药后7d对玉米保叶效果与草地贪夜蛾防效分别为95.24%、93.95%；5%氯虫苯甲酰胺超低容量液剂（有效成分用量11.4g/hm²）药后7d对玉米保叶效果与草地贪夜蛾防效分别为95.31%、95.94%；2%甲维·虫酰肼乳油（有效成分用量27g/hm²）药后7d对玉米保叶效果与草地贪夜蛾防效分别为79.76%、91.69%；4%甲维·虱螨脲微乳剂（有效成分用量20.1g/hm²）药后7d对玉米保叶效果与草地贪夜蛾防效分别为92.66%、96.60%，这4种药剂对草地贪夜蛾具有良好的防治效果的保叶效果，可推荐用于防治草地贪夜蛾。3.2%阿维菌素乳油（有效成分用量42.6g/hm²）药后7d对玉米保叶效果与草地贪夜蛾的防效分别为36.48%、-13.17%；5.7%氟氯氰菊酯乳油（有效成分用量96g/hm²）药后7d对玉米保叶效果与草地贪夜蛾防效分别为75.86%、-14.68%，这两种药剂对草地贪夜蛾幼虫防治效果不理想（表5-6）。

表 5-6 10 种杀虫剂对草地贪夜蛾的田间防治效果

药　剂	有效成分用量 g·ai/667m²	药后 1 天		药后 3 天		药后 7 天	
		校正保叶率（%）	矫正防效（%）	校正保叶率（%）	矫正防效（%）	校正保叶率（%）	矫正防效（%）
5%甲氨基阿维菌素苯甲酸盐乳油	0.92	28.86i	84.4b	76.41d	86.45c	84.78d	86.23c
	1.84	41.22fg	92.78a	90.97a	97.58a	95.24a	93.95ab
5%氯虫苯甲酰胺超低容量液剂	0.38	43.43ef	39.90i	84.64c	63.93e	92.19b	74.68d
	0.76	69.19b	74.91c	88.88ab	95.53ab	95.31a	95.94a
3.2%阿维菌素乳油	1.42	11.27l	23.17j	57.73j	42.17hi	6.67m	−43.98l
	2.84	24.80j	79.31c	87.06bc	55.03f	36.48k	−13.17j
3%阿维·氟铃脲乳油	0.67	35.72h	39.91i	67.30e	51.40fg	79.59e	47.98f
	1.34	46.09e	47.07h	77.87d	57.23ef	87.31cd	56.4e
6%甲维·茚虫威超低容量液剂	0.16	37.36gh	52.15g	33.84i	15.14k	27.83l	32.63h
	0.33	63.44c	64.08e	63.38f	36.69i	66.14h	43.22g
2%甲维·虫酰肼乳油	0.90	22.89k	71.13d	62.12f	74.87d	68.60gh	72.64d
	1.80	35.84h	91.64a	77.71d	89.78bc	79.76e	91.69b
4%甲维·虱螨脲微乳剂	0.67	27.75ij	91.70a	85.67bc	64.45e	88.10c	93.34ab
	1.33	67.78b	94.46a	90.95a	97.64a	92.66ab	96.60a
10%甲氰菊酯乳油	8.00	43.69ef	57.46f	51.28h	35.99j	47.60j	47.07f
	16.00	75.29a	73.54d	69.45e	45.53gh	57.80 i	57.06e
5.7%氟氯氰菊酯乳油	3.20	−59.13n	47.95h	31.81 i	38.55i	27.62l	−22.55k
	6.40	51.98d	53.85fg	52.29h	55.33f	75.86f	−14.68j
15%啶虫脒乳油	6.59	−21.71m	1.37k	23.00j	24.35j	28.02l	20.07i
	13.18	25.94ijk	22.36j	67.89e	57.33ef	69.83g	47.34f
空白对照	—	—	—	—	—	—	—

在玉米小喇叭口期，采用智能植保无人机 3WWDZ-6A 喷施 200g/L 氯虫苯甲酰胺悬浮剂（有效成分用量 3g·ai/亩）和 150g/L 茚虫威乳油（有效成分用量 2.7g·ai/亩）防治草地贪夜蛾，植保无人机施药液量为 30kg/hm²，飞行高度距离玉米顶端 1.5m，飞行速度为 6m/s。药后 3d，氯虫苯甲酰胺植保无人机施药和

机动喷雾器施药对草地贪夜蛾幼虫的防效分别为 80.7% 和 82.1%；茚虫威乳油植保无人机施药和机动喷雾器施药对草地贪夜蛾的防效分别为 86.0% 和 85.7%（表5-7）。两种农药采用植保无人机施药对草地贪夜蛾的防效与机动喷雾器施药的防效相当，差异不显著。药后 7d，200g/L 氯虫苯甲酰胺悬浮剂植保无人机施药和机动喷雾器施药对草地贪夜蛾的防效达到最高，分别为 89.0% 和 91.8%，这2 个处理均未出现新的草地贪夜蛾低龄幼虫。150g/L 茚虫威乳油植保无人机施药和机动喷雾器施药对草地贪夜蛾的防效开始下降，防效分别为 75.0% 和 70.5%。药后 7d 和 10d，氯虫苯甲酰胺和茚虫威采用植保无人机施药和机动喷雾器施药对草地贪夜蛾的防效仍然差异不显著。因此，选用适宜的药剂和飞行参数，采用植保无人飞机防治草地贪夜蛾是可行的。

表 5-7　植保无人机施药对玉米草地贪夜蛾防治效果

药　剂	有效成分用量 g·ai/667m²	施药器械	虫口基数（头）	药后 3d 防效（%）	药后 7d 防效（%）	药后 10d 防效（%）
200g/L 氯虫苯甲酰胺 SC	3	植保无人机	45.0	80.0±3.16a	89.0±1.64a	87.9±2.16a
	3	机动喷雾器	50.3	81.5±1.01b	91.8±1.46a	89.8±3.31a
150g/L 茚虫威 EC	2.7	植保无人机	43.0	85.5±2.33a	75.0±3.11b	71.9±3.43b
	2.7	机动喷雾器	42.0	85.2±1.88a	70.5±2.42b	67.7±2.13b
CK			38.0			

作物中后期的草地贪夜蛾需要地面或航空喷雾方式来进行防控。低矮作物或开放型冠层作物如大豆使用低容量喷雾（141~234L/hm²）即可达到较为理想的防治效果，而对于冠层茂密的作物如玉米和高粱等需要大容量喷雾（>378L/hm²）才能有足够的穿透性。利用地面施药器械大容量喷雾（278~467L/hm²）能够明显提高对草地贪夜蛾的防治效果，且能减少施药次数。利用静电喷雾防治草地贪夜蛾在施药量为常规剂量一半时即可达到和常规喷雾同样的效果。航空施药可能对某些作物上的草地贪夜蛾有很好的防治效果，但对于冠层密度大的作物在 19~47L/hm² 施药量时的防治效果不如地面大容量喷雾的防治效果好。航空施药必须和地面施药相结合才能对玉米田严重发生的草地贪夜蛾达到很好的防治效果。

无人机颗粒撒施可实现对草地贪夜蛾的精准打击。中国农业科学研究院植物保护研究所创新性提出采用颗粒农药撒施代替农药药液喷雾，探索出植保无人机防治草地贪夜蛾的新方法。

　　草地贪夜蛾幼虫主要栖息于玉米心叶，部分幼虫甚至栖息于玉米植株心叶底部，啃食玉米叶片新生组织，常规喷雾时雾滴很难达到草地贪夜蛾幼虫为害部位，施药剂与害虫不易发生有效接触。无人机颗粒撒施技术充分利用玉米植株生长过程中在玉米顶端形成的喇叭口，该喇叭口以心叶为中心，形成天然的"颗粒收集装置"。农药颗粒经植保无人机撒施，投落到玉米植株叶片后，球形的农药颗粒依靠重力自动滚落聚集到喇叭口内，在植保无人机飞行时产生的下压风场作用下，可以到达玉米植株心叶内部，使药剂集中分布在草地贪夜蛾为害部位，实现对草地贪夜蛾的精准打击，在发挥植保无人机高效快速优势的同时，克服了低空低容量喷雾过程中因水分蒸发导致雾滴萎缩变小进而增加飘移的风险。

　　此外，为实现颗粒对玉米植株冠层的有效覆盖，项目组将颗粒微粒化，克服了小于 1mm 球形颗粒难以制造的工艺难题，所制造的球形颗粒直径 0.3 ~ 0.5mm，颗粒大小与喷雾雾滴相近，使得颗粒撒施可以达到类似喷雾的覆盖效果，真正实现颗粒代替雾滴。田间试验证明，植保无人机撒施颗粒防治草地贪夜蛾效果明显优于植保无人机喷雾处理。

第四节　我国在草地贪夜蛾化学防治上的对策和建议

　　鉴于草地贪夜蛾在我国南方数省具有定殖的生态条件，国外虫源地亦有不断的迁飞入侵虫源，草地贪夜蛾将十分可能成为我国一种重要的常发害虫。因此，在草地贪夜蛾的防治策略上，应及时开发应用持续有效的防控措施，特别是在化学防治技术上，应持续筛选和储备有效防控药剂，开展科学用药技术和害虫抗药性风险评估及治理技术研究，以实现草地贪夜蛾的长期有效防控。

　　第一，结合草地贪夜蛾迁飞扩散特点和我国种植结构、施药水平等因素，对于草地贪夜蛾的防治，需要制定战略性的联防联控措施。从化学防治技术，采取全国一盘棋的防治策略，不同地区尽量不要选择同一种或少数几种相同药剂防治，尽量做到药剂品种、施药时间和空间的交错使用。同时，加强对农药使用者的技术指导，对具体防治实践尽可能做到及时、准确。

　　第二，持续开展草地贪夜蛾有效防治药剂的筛选。包括从不同机制和不同杀虫作用方式的药剂、不同虫态对药剂的敏感性、不同生态发生区域（周年繁殖区、越冬区和迁入区）药剂防治效果评价及药剂有效防治剂量的变化等多方面开展持续的研究。

第三，加强农药使用技术的研究和应用。在防治时期和方法上，充分掌握草地贪夜蛾的生活习性和为害规律，在卵盛期和 3 龄幼虫前进行集中防治。此时期害虫耐药能力比较差，解毒酶含量相对较低，尚未潜藏到心叶，农药在较低剂量下就可以达到较好防治效果。分阶段选择适宜药剂类型用于化学防治。如卵高峰期使用具有触杀活性的药剂配合具有杀卵活性的药剂，孵化高峰期使用触杀剂配合胃毒药剂，后期大龄幼虫可以考虑以胃毒药剂为主的化学防治措施。在用药技术上，充分考虑草地贪夜蛾为害虫态主要是幼虫在玉米心叶隐蔽取食，常规的药剂喷雾技术从如何能做到更精细的对玉米心叶喷雾角度进行改进。研究不同药剂对草地贪夜蛾防控效果和使用技术，探索缓释种子处理剂对玉米草地贪夜蛾防治技术，开展玉米大喇叭口期颗粒撒施防控技术研究，加强自走式喷杆喷雾机施药技术研究，筛选适合植保无人飞机的药剂和助剂，突破植保无人飞机低容量喷雾防治草地贪夜蛾技术，研究制定草地贪夜蛾化学防治技术规程，测试玉米田不同喷雾技术农药沉积利用率，指导各产区防控草地贪夜蛾。

第四，进入常态化的化学防治时期后，草地贪夜蛾的抗药性将成为影响药剂防治效果和使用寿命的重要因素。因此，草地贪夜蛾的抗药性风险评价和抗性治理是我国今后亟需开展的挑战性工作。从抗药性治理角度看，需要开展草地贪夜蛾发生的动态监测和抗药性监测，及时采取有效的药剂替换或轮用措施；另一方面，草地贪夜蛾这类鳞翅目害虫幼虫在 3 龄前的防御能力较弱，对药剂的敏感度相对较高，化学防治尽可能在 3 龄前进行，最大限度降低药剂的抗性选择压；探索从时间和空间交替轮换用药的有效途径和模式，大尺度上从全国的通盘安排，或小区域化学防治的合理安排，目的是尽可能避免连续的、高强度的使用某一种药剂，减缓草地贪夜蛾抗药性的发展。

草地贪夜蛾的防治，需要从国家政策、经济、社会、科学技术等多方面需求考虑，并以发展的眼光看问题。需要统筹考虑应急防治阶段和常规化防治时期的需求差异，化学防治与其他防治措施的协同。无论是采取何种防治策略，均需要多种防治技术相互配合才能达到理想的防治效果，实现草地贪夜蛾防治的可持续发展。

第六章 玉米田施药技术规范

农药的使用技术就是研究如何把农药有效成分安全有效地输送到靶标生物上以获得预想中的防治效果，同时不造成浪费损失的技术实施过程。施药器械为施药方法提供了有效手段。然而农药使用技术是一种整体技术决策系统，需要通过各方面技术的综合考虑和运用才得以实现。从农药有效成分到靶标生物的过程会涉及农药剂型/制剂、施药（液）量、施药方法、施药器械、沉积分布状态和农药形式变化等过程，所以植保机械的使用也必须和整个系统中的其他组成部分相互协调，也就是植保机械要根据药剂特点、作物特点、病虫害特点、雾滴沉积分布规律按照一定的规范进行使用，这样才能真正做到农药高效施用。

第一节 自走式喷杆喷雾机防治玉米田病虫草害使用技术规范

自走式喷杆喷雾机在进行玉米田病虫草还防治时应按照以下步骤进行。

一、施药机型的选择

自走式喷杆喷雾机可以有效地进行玉米提病虫草害的防治，然后在进行防治之前必须首先分析所有防治对象（病原菌、害虫或杂草）的为害特征，其次要分析作物所处的生长期，然后综合防治对象和作物生长期选择合适的施药剂型。表6-1列出了玉米不同生长期的适用机型。

表6-1 不同生长期的适用机型

机型	生长期
横喷杆式	播前、播后苗前的全面喷雾、玉米生长前期的除草及病虫害防治
吊杆式	作物生长中后期的病虫害防治

（续表）

机型	生长期
气流辅助式	作物生长中后期的病虫害防治、生长调节剂的喷洒

二、施药机具的质量保证

工欲善其事，必先利其器，想要达到理想的施药效果必须保证所使用的植保机械符合如下质量要求。

（1）喷雾机必须是按照规定程序批准的图样与技术文件制造而成。

（2）喷雾机在最高工作压力工作时，应无异常的震动、响声或紧固件松动等现象；各工作部件及连接处、各密封部位应无松动和渗漏等现象。

（3）喷幅12m以上（含12m）的喷雾机应设有喷杆平衡装置。田间作业时，喷杆平衡装置须反应灵敏，使喷杆与地面保持平行；喷雾机的两侧喷杆应设有避让障碍的回弹装置，喷杆末端设有喷头保护装置。

（4）喷雾机应设有喷杆折叠结构。采用人工折叠的喷雾机，喷杆的折叠和展开应方便、省力；采用液压折叠机构的喷雾机，喷杆的折叠和展开应平稳、轻缓。两侧喷杆同时折叠和展开的喷雾机，喷杆的动作应协调、同步；不管哪种喷杆折叠方式，喷杆展开后应平直、整齐，喷头离地高度应一致，当两侧最外端喷头连线处于水平位置时，最高位置喷头和最低位置喷头的离地高度差应不超过100mm。

（5）喷雾机的药液箱应具有良好的强度和刚度，无气孔、裂纹等缺陷，装满药液后无渗漏、变形、凹陷等现象；药液箱可靠固定，作业过程中应无松动；药业向外表面应有容量刻度标记；应在操作者视觉范围内设置清晰可见的液位指示装置；药液箱同时应装有液力式或机械式的药液搅拌装置，且能对药液箱里的药液进行均匀搅拌。

（6）喷雾机的液压操纵系统及驱动系统应密封可靠，动作灵活，作业过程中无渗漏现象；液压系统各油路油管固定应牢靠，油管表面不允许有裂纹、擦伤和明显压扁等缺陷。

（7）喷雾机应设有压力调节装置，在使用说明书标示的额定工作压力范围内应能平稳地调压。

（8）喷雾机的喷头应具有良好的防滴性能，在额定工作压力下，停止喷雾5s后，出现滴漏现象的喷头数量用不大于喷头总数的10%，且单个滴漏喷头滴漏的液滴数应不大于10滴/min；喷雾机在额定工作压力下喷雾时，喷杆上各喷头的喷雾量变异系数应不大于15%；沿喷杆方向的喷雾量分布均匀性变异系数应不大于20%；同时喷雾机应设置控制全部喷头喷雾的总截流阀，并应根据喷幅大小设置多路控制阀，分别控制各路喷头的喷雾。总截流阀和多路控制阀应设置在操作者容易触及的范围内，操作应方便、灵活。

（9）喷雾机至少应设有足够过滤面积的三级过滤系统，至少最后一级过滤网的孔径不大于喷孔最小通过段。

（10）装有气流辅助系统的喷雾机，其出风管上的气流出口风速或风量应符合制造商使用说明书明示值的规定。

（11）装有喷雾量自动调控系统的喷雾机，其单位面积施药液量实际值与设定值之间的偏差应不超过±10%，施药液量控制范围应符合制造商使用说明书明示值的规定。

（12）牵引式喷雾机的轮距应能调整，其调整范围应与配套拖拉机的轮距相适应。

三、药剂和施药参数的确定

优异的施药效果是药械、药剂和施药参数完美配合的结果，在确定植保机械种类和明确植保机械具有可靠质量性能之后，药剂和施药参数的选择就显得尤为重要。

药剂的选择也是个很复杂的过程，需要根据病虫草害的种类和发生程度以及当地用药背景进行选择，这些在第二章中已经详细介绍，在此就不再赘述。施药参数主要包括施药气象条件确定、前进速度确定、施药液量确定、喷头和喷头压力选择和药剂配制方式5个方面。

1. 施药气象条件确定

气象条件对植保机械的施药效果有较大的影响，苗前除草剂、苗后除草剂、杀虫剂、杀菌剂、植物生长调节剂和液体肥料喷施的适宜气象条件为：温度13~30℃，空气相对湿度大于65%，风速小于4m/s，其中喷施除草剂需要风速小于2m/s，不同风速下的施药方式见表6-2。喷施时间最好选择在晴天上午10时以前，16时以后，如果喷药后2h内有降雨，应根据喷施产品标签和使用说明的规定确定是否需要重喷。

表6-2　不同生长期的适用机型

风力等级	种类	风速范围（m/s）	可见征象	喷雾方式
0	无风	0.0~0.2	静，烟直上	针对性喷雾
1	软风	0.3~1.5	烟能表示风向，但风向标不能动	飘移性喷雾
2	轻风	1.6~3.3	人面感觉有风，树叶微响，风向标能转动	低量或常量喷雾
3	微风	3.4~5.4	树叶及微枝摇动不息，旌旗展开	常量喷雾，避免喷施除草剂
4	和风	5.5~7.9	能吹起地面灰尘和纸张，树枝摇动	不应喷雾

2. 行走速度速度确定

施药前应计算机组行走速度。如机组实际行走速度与计算值有差值，可通过增减油门或换档来调整速度。机组行走速度按照公式（1）进行计算

$$V = 600Q/qB \tag{1}$$

V——机组行走速度，单位为千米每小时（km/h）

Q——喷雾机全部喷头的总流量，单位为升每分钟（L/min）

q——农艺要求的田间施药液量，单位为升每公顷（L/hm^2）

B——喷雾机的喷幅，单位为米（m）

3. 施药液量确定

应该根据病虫草害的不同发生规律选择适宜的施药液量，一般喷施除草剂的施药液量为225~300L/hm^2，而喷施杀虫剂、杀菌剂和植物生长调节剂的施药液量一般为150~225L/hm^2，其施药液量也应根据作物的生长周期而相应变化。

4. 喷嘴选择和校准

喷嘴作为植保机械的基础元素喷雾设备的重要组成部分，其性能优劣直接影响喷洒效果，而且关系到整个喷雾系统乃至植保机械的可靠性和经济性。

国际上喷头采用统一的颜色标识，不同农药喷头选择如下：除草剂为蓝色或红色喷头；杀虫剂、杀菌剂为橘黄色、绿色或黄色喷头。

我国现阶段喷杆喷雾机安装的喷头多为黄色、蓝色两种，用户通过查阅下表可以方便地了解到黄色喷头的喷雾量（流量）较小，在0.3MPa喷雾压力下，其

喷雾量为 0.8L/min；而蓝色喷头的喷雾量较大，在 0.3MPa 喷雾压力下，其喷雾量为 1.2L/min。因不同颜色喷头的流量有差异，因此，在喷杆喷雾机上应该安装同一颜色的喷头，不可把不同颜色的喷头"混搭"安装在同一喷杆上，以免造成喷雾不匀。表 6-3 列出了液力式喷头不同颜色标识的流量标准。

表 6-3　液力式喷头的颜色标识标准

喷头体颜色	喷头流量（L/min ±5%，0.3MPa 压力）
桔黄色	0.4
绿色	0.6
黄色	0.8
蓝色	1.2
红色	1.6
棕色	2.0
灰色	2.4
白色	3.2

横喷杆式喷雾机喷洒除草剂作土壤处理时，应选用 110 系列狭缝式刚玉瓷喷头，如选用不同喷雾角度的扇形雾喷头或喷头间距时，喷头离作物高度应符合表 6-4 的规定。进行苗带喷雾时，应选用 60 系列狭缝式刚玉瓷喷头，喷头安装间距和作业时离作物高度可按作物行距和高度来决定。表 6-5 给出各种苗带宽度用不同喷头作业时喷头应离作物的高度。

表 6-4　选用不同喷雾角的扇形雾喷头或喷头间距是喷头离作物高度

喷头喷雾角	喷头间距（cm）	喷头离作物高度（cm）
65°	46	51
	50	56
	60	66
	75	83
85°	46	38
	50	46
	60	50
	75	63

（续表）

喷头喷雾角	喷头间距（cm）	喷头离作物高度（cm）
110°	46	45
	50	50
	60	56
	75	86

表6-5　苗带喷雾时各种苗带宽带用不同喷头作业时喷头离作物高度

苗带宽度（cm）	喷头喷雾角度	
	60°	80°
20	18	13
25	22	15
30	26	18
35	31	20

吊杆式喷杆喷雾机喷杀虫剂、杀菌剂和生长调节剂时，应选用空心圆锥雾喷头。安装喷头时，应根据作物的间距，并在植株的顶部安装一只喷头自上向下喷；在吊杆上根据植株情况安装若干个喷头自下向上喷，以形成立体喷雾。

气力辅助式喷杆喷雾机可选用空心圆锥雾喷头或狭缝式刚玉瓷喷头，喷头的安装位置根据作物的具体情况和气力输送机构的情况确定。

当选定喷头后，喷头喷雾的扇面应与喷杆呈5°~15°夹角，相邻喷头扇形雾面30%重叠（图6-1），这样即可以避免相邻喷头扇形雾面相互碰撞，又可以满足扇形雾面叠加，使雾滴在喷雾区域均匀沉积分布。

由于喷头磨损、制造误差等原因，会导致喷头流量不一致，因此，施药前应对每个喷头进行喷量测定和校准。测定时，药液箱加满清水，喷雾机正常工作状态喷雾，待喷雾稳定后，用量杯或其他容器在每个喷头处收集雾滴1min，重复3次，计算每个喷头的喷雾量，如喷雾量误差超过5%，应调换喷头后再测，直至喷头喷雾量误差小于5%。

5. 药剂配制方式

喷杆喷雾机施药前最重要的一步就是药剂的配制，因为此步骤直接决定药剂有效

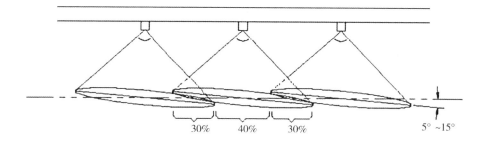

30%　40%　30%　　　　　　　5°~15°

图 6-1　扇形喷头在喷杆上正确的安装方式

成分量是否足够起到防治病虫草害的作用。在进行药剂配制前,首先要据药箱的容积、每公顷施药量和需要施药面积,计算出需要添加制剂的量。然后再进行配制。

农药药液在混配时按照"先固体后液体"的顺序进行桶混,正确的桶混用药顺序和方法为:先注入1/3~1/2的水,然后按以下顺序加入不同类型的制剂:水溶性粉剂→水溶性粒剂→水分散粒剂→水基悬浮剂→水溶性液剂→悬乳剂→可分散油悬浮剂→乳油→助剂,混配时要采用二次稀释法先将药剂在配药容器内充分溶解,在进行下一步之前确保所加入的制剂已充分混匀和分散。配制用水应为中性清洁水。

药剂发生反应,同时制剂性状出现显著变化的不宜继续使用。

在配制农药药液时,将农药包装瓶(袋)中的农药倒入配药容器后,用完的包装瓶(袋)中加入少量清水冲洗包装瓶(袋),再将刷洗液倒入配药容器,重复3次。

四、操作人员安全要求

施药人员的安全问题也是施药过程中需要重点关注的问题,在整个施药过程中,操作人员必须遵从以下安全要求。

(1)通过喷杆喷雾机专业驾驶培训,对农药、农艺有一定了解的成年人。

(2)喷药过程中必须穿戴防护服、防护口罩。

(3)清洗喷嘴、药箱时要戴胶皮手套,禁止直接接触药液,禁止用嘴吸吹喷嘴。

(4)施药过程严禁吸烟、饮水、进食等行为,避免药液进入口鼻、眼睛。

（5）连续作业不能超过 6h，施药过程感觉身体不适，立刻停止作业，及时到医务室检查。

（6）施药结束或中间休息，一定要用洗手液或肥皂清洗手、脸等部位。

五、施药操作过程

（1）作业前要丈量好土地，做好田间作业路线设计；地头要留枕地线，待全田喷完再横喷地头；根据喷幅在田间地头设置标示物，以便机械能直线行走，避免重喷或漏喷（图 6-2）；

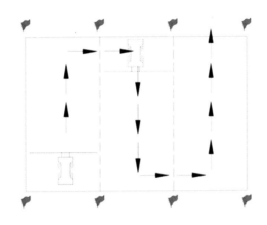

图 6-2　喷雾机施药轨迹

（2）在地头回转过程中，液泵始终处于工作状态，以保持喷雾液体的搅拌，但送液开关须为关闭状态。

（3）启动机械前，将泄压阀推至泄压位置，调压阀旋转至最大开度处。开动后，将泄压阀关闭，缓慢旋转调压阀，最终达到喷雾时所需压力。

（4）喷洒杀虫剂、杀菌剂压力不可高于 0.3～0.5MPa，喷洒除草剂压力不可高于 0.3MPa。

（5）作业时，要保持机具匀速行驶，一旦发现喷嘴堵塞或药液泄漏要及时停止喷洒作业。

（6）药液接近喷洒完毕时，应切断搅拌回液管路，避免因回液搅拌造成喷头流量不均。如果发现药箱上液位观察器显示药箱已空时，液泵应立即停止工作（空挡），以免液泵脱水运动造成损坏。

（7）停机或喷洒结束后，将泄压阀退至泄压位置，然后关闭药液输出控制阀。

六、推荐作业区域

防治作业单块面积不少于 20~25 亩最佳，小于单块面积 5~10 亩时，作业效率将大大降低。连片作业面积越大，作业效率越高。同时作业地面平坦、障碍物少、行驶方向与播种方向同向等更顺畅、更快捷，日作业量会超过 400 亩。

第二节　植保无人飞机防治玉米田病虫害使用技术规范

植保无人飞机在进行玉米田病虫草害防治时应按照以下步骤进行。

一、植保无人飞机的质量保证

在进行田间施药之前，所用的植保无人飞机需满足以下质量要求。

1. 一般要求

（1）植保无人飞机应能在 6m/s±0.5m/s 风速的自然环境中正常飞行。

（2）植保无人飞机在常温条件下按使用说明书规定的操作方法起动 3 次，其中成功次数应不少于 1 次。

（3）植保无人飞机应具有药液和燃料（电量）剩余量显示功能，且应便于操作者观察。

（4）植保无人飞机空载和满载悬停时，不应出现掉高或坠落等现象。

（5）同时具备手动控制模式和自主控制模式的植保无人飞机，应能确保飞行过程中两种模式的自由切换，且切换时飞行状态应无明显变化。

（6）植保无人飞机应配备飞行信息存储系统，每秒至少存储 1 次，实时记录并保存飞行作业情况。存储系统记录的内容至少应包括：植保无人飞机身份信息、位置坐标、飞行速度、飞行高度。

（7）植保无人飞机应具备远程监管系统通信功能。

（8）承压软管上应有永久性标志，标明其制造商和最高允许工作压力；承压管路应能承受不小于最高工作压力 1.5 倍的压力而无渗漏。

（9）药液箱总容量和加液口直径应符合国家标准的要求。

（10）正常工作时，各零部件及连接处应密封可靠，不应出现药液和其他液体泄漏现象。

2. 性能要求

植保无人飞机主要性能指标应符合表 6-6 的规定。

表 6-6　性能指标要求

序　号	项　目		质量指标
1	手动控制模式飞行性能		操控灵活，动作准确，飞行状态平稳
2	自主控制模式飞行精度	偏航距（水平）（m）	≤0.5
		偏航距（高度）（m）	≤0.5
		速度偏差（m/s）	≤0.5
3	续航能力		最大续航时间与单架次最大作业时间之比应不小于 1.2
4	残留液量（mL）		≤30
5	过滤装置	过滤级数	≥2
		加液口过滤网网孔尺寸（mm）	≤1
		末级过滤网网孔尺寸（mm）	≤0.7
6	防滴性能		喷雾关闭 5 s 后每个喷头的滴漏数应不大于 5 滴
7	喷雾性能	喷雾量偏差	≤5%
		喷雾量均匀性变异系数	≤40%
8	作业喷幅		不低于企业明示值
9	纯作业小时生产率		不低于企业明示值

3. 安全要求

（1）外露的发动机、排气管等可产生高温的部件或其他对人员易产生伤害的部位，应设置防护装置，避免人手或身体触碰。

（2）对操作者有危险的部位，应固定永久性的安全标识，在机具的明显位置还应有警示操作者使用安全防护用具的安全标识，安全标识应符合国家标准的相关规定。

（3）植保无人飞机空机质量应不大于116kg，最大起飞质量应不大于150kg。

（4）植保无人飞机应具有限高、限速、限距功能；植保无人飞机应配备电子围栏系统。

（5）植保无人飞机对通讯链路中断、燃料（电量）不足等情形应具有报警和失效保护功能。

（6）植保无人飞机应具有避障功能，至少应能识别树木、草垛和电线杆等障碍物，并避免发生碰撞。

（7）植保无人飞机应具有电磁兼容能力，其通讯与控制系统辐射骚扰限值按国家标准的相关规定，应满足表6-7要求；其射频电场辐射抗扰度按国家标准相关试验方法达到表6-8的B级要求。

表6-7　电磁兼容-辐射骚扰限值

频　率	测量值	限值 dB（μV/m）
30~230MHz	准峰值	50
230~1GHz	准峰值	57
1~3GHz	平均值/峰值	56/76
3~6GHz	平均值/峰值	60/80

表6-8　电磁兼容-射频电场辐射抗扰度

等　级	功能丧失或性能降低的程度	备　注
A	各项功能和性能正常	试验样品功能丧失或性能降低现象有：①测控信号传输中断或丢失②对操控信号无响应或飞行控制性能降低③喷洒设备对操控信号无响应④其他功能的丧失或性能的降低
B	未出现现象①或现象②。出现现象③或现象④，且在干扰停止后2min（含）内自行恢复，无需操作者干预	
C	未出现现象①或现象②。出现现象③或现象④，且在干扰停止2min后仍不能自行恢复，在操作者对其进行复位或重新启动操作后可恢复	
D	出现现象①或现象②；或未出现现象①或现象②，但出现现象③或现象④，且因硬件或软件损坏、数据丢失等原因不能恢复	

4. 装配和外观质量要求

装配应牢固可靠，容易松脱的零部件应装有防松装置。各零部件及连接处应密封可靠，不应出现药液和其他液体泄漏现象。外观应整洁，不应有毛刺和明显的伤痕、变形等缺陷。

二、作业人员要求

（1）作业人员包括飞控手和辅助人员。作业人员中须至少有一人具有玉米病虫害防治技术及安全用药技能，至少有一人具有应急急救能力。

（2）飞控手应具有无人驾驶航空器系统操作合格证。飞控手酒后 8 h 内不得操控植保无人飞机作业。

（3）辅助人员主要负责用药方案、药剂配制和施药安全。

（4）皮肤破损者、儿童、孕妇、哺乳期妇女及对农药有过敏情况者禁止参与配药及植保无人飞机作业。

（5）所有作业活动须严格遵守国家和行业相关的法律、法规和规章。

（6）参与作业人员施药前需要穿戴好防护设备，掌握农药的毒性，会正确地配置及存储农药。了解所喷洒农药的潜在危险性，具有中毒事故应急处理的常识和能力。

三、玉米病虫害及防治适期

应遵从"预防为主、综合防治"的植保方针，根据玉米病虫害发生程度及药剂本身的性能，并结合病虫害预测预报信息，确定合适的施药时期。玉米生育期内主要病虫害方格纸对象及防治时期如表6-9所示。

表6-9　玉米生育期内主要病虫害及其防治适期

病虫害	防治适期
玉米螟	化学防治通常掌握在心叶末期和穗期或幼虫低龄期开始，防治指标为：一代玉米螟虫株率达20%，或心叶末期花叶株率20%；二、三代玉米螟百株低龄虫量为100头时开始防治
东方黏虫	主要防治二代黏虫和三代黏虫，二代黏虫的防治指标为：玉米上有幼虫10头/百穴；三代黏虫的防治指标为：玉米50头/百株；或者在害虫发生初期开始防治，大约在卵孵化高峰期至地龄幼虫发生期，玉米喇叭口期，玉米8~12片叶时开始进行防治

（续表）

病虫害	防治适期
草地贪夜蛾	根据国家植保部门的预测预报进行防治，一般玉米制种田和甜玉米的植株受害株率达到10%时，或者常规玉米植株受害株率达20%时开始防治，或者根据戴维斯评级植株为害程度达到3级时开始防治，每次大药都根据防治阈值开展
大斑病	在病害未发生前保护性施药，每隔7~10d喷施一次，连续喷施2~3次，大约在抽雄前开始施药
小斑病	在病害未发生前保护性施药，每隔7~10d喷施一次，连续喷施2~3次

四、药剂选择与科学使用

（1）按照高效、低毒、低残留、对环境影响小、对天敌安全，延缓抗性的原则选择农药。

（2）所选药剂应符合国家相关政策法规及技术标准要求，相关药剂使用应符合 NY/T 1276 和 GB/T 8321.1~8321.10 标准的要求。

（3）参照已登记于玉米病虫害防治的药剂，部分常用药剂有效成分参见第二章。

（4）选择在低容量航空喷洒作业的稀释倍数下能均匀分散悬浮或乳化且对玉米生长无不良影响的药剂，容易产生沉淀、分层、有析出物等堵塞喷头的剂型不应选用。

五、作业要求

1. 作业前的准备

作业人员应调查、确定作业区域及边界。确定作业区域是否在有关部门规定的禁飞区域内；观察作业区域和周边是否有影响安全作业的林木，高压线塔、电线杆及其斜拉索、信号塔、风力发电机等障碍物。查看作业区域是否因电磁环境复杂导致卫星定位（GNSS）信号异常的现象；调查周边种植、养殖（养蜂养蚕区域、鱼虾蟹鳖塘或田特别注意）和人居情况等。作业区 200m 范围内有鱼塘、养蜂场、养蚕区时，应设定适宜的隔离带，同时避免喷施对该类生物敏感的药剂；植保无人飞机施药时要做好组织工作，提前向周边居民公布作业时间，同时施药区域边缘要有明显的警告牌或设置警戒线，非工作人员不准进入施药区。

作业人员应观察天气条件，确定是否适合植保无人飞机作业，适合的天气条件如下。

气象：晴朗或多云天气适宜植保无人飞机作业，雾霾天气，应在可见度500m以上时作业；预报6h之内有降雨不得施药。

风速：多旋翼植保无人飞机作业风速≤3.3m/s；单旋翼植保无人飞机作业风速≤5.4m/s。

温度：最适作业气温为15～30℃，当气温超过35℃或低于0℃时，应暂停作业。

湿度：作业时适宜湿度为20%～80%。

植保无人飞机应选择空旷平坦、没有或很少有人员经过的区域作为起降点，严禁在公路等有人车通行的区域进行起降。

施药前应备有足够的净水、清洗剂、毛巾、急救药品。作业前应事先了解选择药剂对玉米的安全性和防效，事先进行混配兼容性试验。

检查植保无人飞机是否完整，各系统是否正常工作，并对喷雾系统的喷头压力、喷头流量和喷幅等项目进行调试和校准；应备有易损配件和必要的修理工具；应综合地块、天气、玉米病虫害情况等因素合理规划航线。

2. 植保无人飞机施药参数

喷头选择：作业过程中应使用飞机原厂的喷头，若需要更换，应充分考虑更换喷头对雾滴分布、雾滴穿透力和喷幅等的影响，更换喷头时应按照植保无人飞机厂家建议，同时结合飘移风险和玉米冠层较高的情况，更换合适规格的穿透力较大的喷头。植保作业队伍应定期检测喷头的工作状态，如果发现堵塞或者磨损等不适宜工作的情况，应根据情况疏通喷头或者及时更换喷头。

喷幅：应根据不同机型的性能，按照厂家的建议，选择合适的喷幅，以喷雾带边缘雾滴沉积密度不少于15～20个/cm²为宜，不漏喷，不重喷。

高度及作业速度：作业高度指植保无人飞机喷头距离玉米冠层顶端的相对距离，多旋翼植保无人飞机的作业高度一般为1.5～2.5m，单旋翼植保无人飞机的作业高度一般为为3～6m，或参考植保无人飞机厂商要求进行设定。推荐作业速度4～6m/s或参考植保无人飞机厂商要求，应匀速飞行，避免忽快忽慢。若防治玉米茎基部病虫害，应适当降低作业速度、选择穿透力较高的喷头，确保植株中下部的药剂沉积。在玉米大喇叭口期之前施药，应根据情况酌情降低作业高度，大喇叭口期之后，可以适当提高作业高度。

施药液量：在保证必要的雾滴沉积密度情况下杀虫剂和杀菌剂亩施药液量应为 1~3L。

3. 作业过程

作业过程中植保无人飞机的操作要求：作业过程应按照规划的航线和确定的作业参数进行作业，并上传至管理平台。对于喷雾过程中漏喷区域进行及时补喷。应实时关注植保无人飞机运行状况，观察硬件设备以及喷洒系统是否正常，保证持续正常作业。若作业过程中发生摔机、信号干扰、碰撞障碍物、飞控问题等故障，应检查飞机损坏程度，在满足正常作业的前提下可继续作业，否则，应立即终止作业。施药过程中遇喷头堵塞情况时，应立即停止作业，将飞机停至空旷处，排除故障。

作业过程中安全保障要求：作业区域有人员时应严禁操控作业。多旋翼植保无人飞机起降作业应远离障碍物和人员 5m 以上，单旋翼植保无人飞机起降作业应远离障碍物和人员 15m 以上。作业过程中操作人员应全程佩戴安全帽和其他适宜的个人防护设备。作业时禁止吸烟及饮食。作业人员应避免处在喷雾的下风位，严禁在施药区穿行，农药喷溅到身上要立即清洗，并更换干净衣物。作业人员如有头痛、头昏、恶心、呕吐等中毒症状时应及时采取救治措施，并向医院提供所用农药标签信息。

作业过程中药剂使用的要求：一般情况下，农药药液在混配时按照"先固体后液体"的顺序进行桶混，正确的桶混用药顺序和方法为：先注入 1/4~1/2 的水，然后按以下顺序加入不同类型的制剂：水溶性粉剂→水溶性粒剂→水分散粒剂→水基悬浮剂→水溶性液剂→悬乳剂→可分散油悬浮剂→乳油→助剂，混配时要采用二次稀释法先将药剂在配药容器内充分溶解，在进行下一步之前确保所加入的制剂已充分混匀和分散。配制用水应为中性清洁水。在配制农药药液时，将农药包装瓶（袋）中的农药倒入配药容器后，用完的包装瓶（袋）中加入少量清水冲洗包装瓶（袋），再将刷洗液倒入配药容器，重复 3 次。农药药液应现用现配，不宜久放。配制农药应远离住宅区、养殖场及水源等场地，配药器械及植保无人飞机的清洗也要远离这些区域。

4. 作业后要求

喷药结束后应在作业地块树立警示标志，标明药剂名称、类型、毒性、施药时间、安全间隔期、施药人员（公司）等。处置废弃物必须符合当地法律法规要求，严禁将剩余药液、清洗飞机废水随意倾倒，包装废弃物按照要求进行回收处理。作业后2h内降雨，应参照所用药剂的要求，评估是否需要采取补救措施，并根据评估结果及时处理。作业结束后工作人员要及时清洗身体，更换干净衣物，并确保施药期间使用的衣物和其他衣物分开清洗。作业结束后应有喷雾记录及用药档案记录，档案记录表必须要在施药当天完成。

5. 防治效果检查

作业结束后，应及时查看作业轨迹及流量数据，若发现明显漏喷区域，应及时补喷；评估重喷区域可能风险，必要时采取补救措施。

作业结束后，应进行药效调查和跟踪，并征求农户的反馈，最后做相应的记录。调查时选择作业地块中间的部分，按照病虫害调查规范进行防效评估。经药效调查，如果有植保无人飞机漏喷的区域，应根据情况及时采取补救措施。

6. 作业质量要求

一般环境条件下，植保无人飞机施药防治玉米病虫害的作业质量应符合表6-10的规定。

表6-10 植保无人飞机施药防治玉米病虫害作业质量要求

序　号	项　目			作业质量指标	
				施药液量 q（L/hm^2）	
				7.5<q≤15	15<q<45
1	施药液量偏差			≤5%	
2	雾滴沉积密度 雾滴数/cm^2	杀虫剂	内吸性	≥15	≥20
			非内吸性	≥20	≥30
		杀菌剂	内吸性	≥15	≥20
			非内吸性	≥20	≥30
3	雾滴分布均匀性（变异系数）			≤65%	≤45%